适应新时代发展　培养一流纺织类人才

国家级"双万计划"一流专业建设论文集

浙江理工大学　组织编写

中国纺织出版社有限公司

内 容 提 要

本论文集收录论文 38 篇,内容主要为目前纺织领域前沿的教学理念与实践,包括对纺织类专业课程的教学体会、教学思路以及翻转课堂等先进的教学理念等,还有针对虚拟仿真教学、大数据背景下传统专业创新创业教学改革的探索与分析等。文章内容丰富,图文并茂,生动地展现了纺织类专业的教学理念与模式。

本书适合纺织类院校的师生阅读,也可供纺织领域相关从业人员参考。

图书在版编目(CIP)数据

适应新时代发展 培养一流纺织类人才:国家级"双万计划"一流专业建设论文集/浙江理工大学组织编写 . --北京:中国纺织出版社有限公司,2023.5
　　ISBN 978-7-5229-0454-2

　　Ⅰ.①适… Ⅱ.①浙… Ⅲ.①纺织工业—教学研究—高等学校—文集 Ⅳ.①TS1-42

中国国家版本馆 CIP 数据核字(2023)第 055344 号

责任编辑:孔会云 　特约编辑:蒋慧敏 　责任校对:寇晨晨
责任印制:王艳丽

中国纺织出版社有限公司出版发行
地址:北京市朝阳区百子湾东里 A407 号楼 　邮政编码:100124
销售电话:010—67004422 　传真:010—87155801
http://www.c-textilep.com
中国纺织出版社天猫旗舰店
官方微博 http://weibo.com/2119887771
天津千鹤文化传播有限公司印刷 　各地新华书店经销
2023 年 5 月第 1 版第 1 次印刷
开本:787×1092 　1/16 　印张:10.75
字数:269 千字 　定价:98.00 元

前　言

　　浙江理工大学纺织类专业面向国内纺织经济建设主战场,针对纺织产业全球化融合、智能化生产、数字化设计的新趋势,以新工科建设理念为指引开展人才培养,致力于打造具有鲜明特色的一流本科专业,引导学生探索新材料、新科技在纺织技术创新、时尚产品创意以及智能化制造等领域的应用,满足我国尤其是浙江省纺织区域经济的发展需要。

　　浙江理工大学纺织类专业始于1897年创建的"蚕学馆",是浙江理工大学百年育人文化的传承主体。1959年开始招收制丝工程、丝织工程本科生,1985年合并为丝绸工程专业,1998年改为纺织工程专业。2000年列为国家管理专业,2003年列为浙江省重点建设专业,2007年列为国家一类特色专业,2012年入选浙江省"十二五"优势专业,2013年入选第一批国家级本科专业综合改革试点专业,2016年入选浙江省"十三五"优势专业。2019年浙江理工大学通过教育部工程专业认证,是教育部纺织类专业教学指导委员会副主任委员单位。专业依托的平台有"纺织纤维材料与加工技术"国家地方联合工程实验室,"先进纺织材料与制备技术"教育部重点实验室,"纺织工程"国家级实验教学示范中心,"纤维多维结构制备与应用国际科技合作基地"国家级国际科技合作基地,浙江省"现代纺织技术"协同创新中心,浙江省重点实验室"丝纤维材料及加工技术实验室""产业用纺织材料与制备技术重点实验室""智能织物与柔性互联重点实验室","纤维增强复合材料浙江省国际科技合作基地"省级国际科技合作基地等。近年来,纺织类专业又获批省级虚拟教研室——现代纺织专业建设虚拟教研室,省级教材研究基地——浙江理工大学纺织新材料教材研究基地,省级重点支持现代产业学院建设点——纺织新材料现代产业学院等。

　　2019~2021年,浙江理工大学纺织类专业获批"双万计划"一流专业建设点。近年来,纺织类专业紧紧围绕服务国家和区域经济社会发展、产业升级对人才的需求,聚焦专业内涵建设,加强学科专业交叉融合,构建了"工学+经济学""工学交叉""工学+艺术学""工学+智能制造"等学科交叉课程群;形成了高水平"纺织非遗+"多层次纺织复合创新人才培养体系;创建了思政教育、专业教育、科研教育、产业教育"四教融合"的培养机制;构建了覆盖纺织全产业链的专业链教学实验室、创新链科研实验室、产业链实践基地组成的立体化"三链递进"实践体系。专业建设质量显著提升,毕业生彰显实力,培养出了一支高水平跨界师资队伍,专业人才培养和社会需求的契合度不断提高,在纺织高等教育领域影响广泛,为我国纺织产业高质量发展及纺织强国建设提供智力支持。

　　在深入推进"双万计划"一流专业建设的征途中,纺织类专业教师在学习中研究,在研究中实践,在实践后反思,促进了教师专业化发展,取得了丰硕的成果。本论文集是浙江省课程思政示范基层教学组织项目的成果汇编,收录了本校纺织类专业部分教师在此期间撰写的教改论文,内容涉及纺织复合创新人才培养体系的构建、课程思政在课堂教学中的融入、混合式教学方法在日常教学中的应用、虚拟仿真技术在实践教学中的初探等方面,充分体现了"以学生为中心,以产出为导向"的教学理念,可供纺织类及相关专业的研究人员参考。

专业负责人　祝成炎

2023年1月

目　录

"纺织非遗+"多层次纺织复合创新人才培养体系的构建与实践

祝成炎,田伟,张红霞,李启正,鲁佳亮,苏淼,金肖克,马雷雷,陈俊俊

浙江理工大学,纺织科学与工程学院(国际丝绸学院),杭州

摘　要: 针对我国纺织丝绸高校教育中普遍存在的问题,本文基于学校建设的大量优质的教学资源,开始对"纺织非遗+"多层次复合创新人才培养体系进行探索和实践,结合文化和旅游部、教育部"非遗研修班"和科技部"丝绸国际培训班"引入国内外纺织丝绸传统文化和技艺进课堂、进论文、进社会实践、进科技竞赛等环节,不仅对传统纺织丝绸技艺进行传承与创新,同时将传统文化与课程思政融入纺织丝绸人才培养体系之中,以培养适应纺织丝绸产业传承发展、具有国际视野的有文化、有思想的创新型技术人才。实践表明,该体系能全面满足纺织丝绸产业传承发展和纺织丝绸教育文脉传承的需要,有利于学生专业思想教育和德治教育,培养符合我国纺织丝绸业发展所需的高级工程技术人才。

关键词: "纺织非遗+";教学改革;课程建设

党的十八大以来,以习近平同志为核心的党中央高度重视中华优秀传统文化的历史传承和创新发展[1],以中华民族最深沉的精神追求、最根本的精神基因、独特的精神标识和中华民族精神"根"与"魂"、最宝贵的精神品格和命脉的高度,定位优秀传统文化;从实现"两个一百年"奋斗目标和中华民族伟大复兴中国梦的重要精神支撑的高度,弘扬优秀传统文化,创新发展优秀传统文化,推进中华优秀传统文化的创造性转化、创新性发展,赋予中华优秀传统文化崭新的时代内涵[2]。

本文基于学校建设的大量优质教学资源,对"纺织非遗+"多层次复合创新人才培养体系进行探索和实践,结合文化和旅游部、教育部"非遗研修班"和科技部"丝绸国际培训班"引入国内外纺织丝绸传统文化和技艺进课堂、进论文、进社会实践、进科技竞赛等环节,不仅对传统纺织丝绸技艺进行传承与创新,同时将传统文化与课程思政融入纺织丝绸人才培养体系中,以培养适应纺织丝绸产业传承发展、具有国际视野的有文化、有思想的创新型技术人才。实践表明,该体系能全面满足纺织丝绸产业传承发展和纺织丝绸教育文脉传承的需要,有利于学生专业思想教育和德育教育,培养符合我国纺织(丝绸)业发展所需要的高级工程技术人才。

1 改革理念和主要举措

1.1 明确"纺织非遗+"多层次纺织复合创新人才培养理念和改革整体思路

坚持"需求导向、应用导向、可持续导向",确立"本科教学、非遗研修、国际培训"融合的多层次教学理念,明晰覆盖教学体系建设、模式建设和课程建设,包含"课程思政""艺工融合""复合创新""文化输出"等的整体改革思路,通过教育教学全链路的构建和路径的优化,形成兼具实践性、推广性以及经济、文化价值的现代纺织人才培养体系。

1.2 构建以"本科教学、非遗研修、国际培训"融合为支撑的"科研、实践、思政、创新"多层次纺织复合创新人才培养体系

通过引入国家级、省级织锦等非遗代表性传承人进学校直接参与各环节的教学,较好地将传统纺织技艺的传承与创新和课程思政相结合,形成了以织锦非遗等为载体的纺织丝绸传统文化和技艺进课堂、进论文、进社会实践、进科技竞赛等各环节的课程思政教育体系,以学生"全程参与、全面提升"为核心,积极引导学生融入非遗传承保护、研修培训教学、校外实践、学术研究中(图1),在校内推动成立浙江理工大学纺织非遗研究所,组织学员作品赴越南参加国际丝绸与织锦文化节举办的中国五大织锦展,赴柬埔寨纺织制衣协会对接织锦培训项目,组织学生参加非遗社会实践活动,在研究生和本科生中设置纺织非遗相关研究课题,引导学生参加学科比赛,发表科研成果,实现纺织复合创新人才科研能力培养(图2)。解决了高校教师在纺织丝绸传统文化和技艺教育中的传统技艺、工匠精神等方面的问题,有效解决了当前学生对传统文化认知程度低、文化和民族自豪感不足的问题,加深学生对传统技艺和艺术的理解,丰富学生的想象力,提高学生设计作品的表现力,在工艺和艺术方面的创造力,并在此过程中培育学生用心、精心、耐心、细心、专心的现代纺织工匠精神,培养能继承民族传统纺织技艺,与时俱进,将传统技艺与现代生产相结合,满足当下时尚审美需求而加以创新的纺织高技能型人才[3-5](图3~图6)。

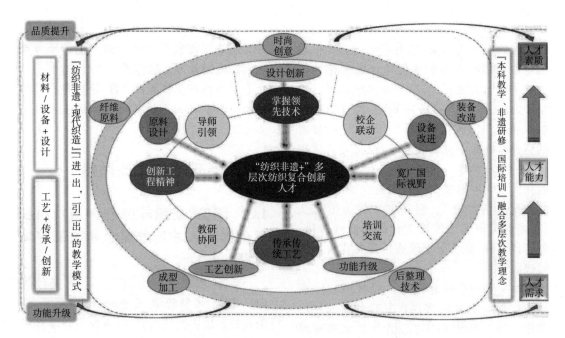

图1 "纺织非遗+"多层次纺织复合创新人才培养思路

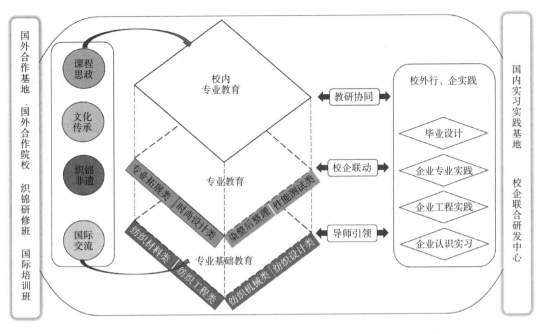

图2　"纺织非遗+"多层次纺织复合创新人才培养知识体系

图3　相关课程丝绸传统
　　　文化方面的课件

图4　团队成员与越南国家
　　　电视台记者合影

图5　"家用纺织品制作工艺实践"
　　　课程的学生作业

图6　专业学生就非物质文化遗产
保护及产业化展开调研

依托本专业教师丰富的研究和实践经历、高水平的科研成果举办"非遗织锦研修班"。研修班开展期间，组织专业学生参与非遗研修班的助教活动，将学生和研修学员分组，互相学习，开发产品，在此过程中，学生从非遗传承人那里快速地学习吸收了关于非遗技艺的历史、纹样特色、工艺织造技艺等相关知识，并在和非遗传承人的合作中，将现代的设计理念和技法进行实际应用，设计新的作品（图7~图9）。

图7　学生与学员合作的作品展览

图8　在杭州举办"生根·迭代 | 浙江理工大学
非遗研培的实践——工艺与产业浙江
对话交流研讨会"

图9　国内外一流科学家、工程师、非遗
传承人、企业家为非遗研修班授课

1.3　以"织锦非遗"为载体的"艺工、产教融合"教学模式，将现代教学融入传统纺织

以织锦非遗培训班为依托，以校地联办交流研讨会、非遗推广与创意设计中心、非遗文化展等形式，形成自然科学和艺术美学深度融合、优秀传统和现代化紧密结合的教学模式。同全国各地织锦发源传承地、产业落后贫困地区开展深度合作，多方位提升传承人和从业者的现代化知识和综合能力，引导

其积极面对传承困境,积极适应发展形势。解决了广大纺织丝绸非遗传承人或从业人员的再教育问题。根据参与培训班学员的工作及教育背景、学员感兴趣的专题、丝绸行业的发展趋势,精心挑选授课内容,设计培训方案;注重授课与参观相结合,注重具体实践与方法的讲授交流。构建了包括课程体系、教学方法、创新与创意实践等再教育体系。五年多的教育实践表明,这一再教育体系解决了目前纺织丝绸非遗技艺与现代纺织科技教学结合不够紧密,产品创新与研发能力、产业链联动、创意设计能力较弱,丝绸纺织非遗等传统技艺借鉴和应用不足等问题,既达到了传承并弘扬丝绸纺织非遗的目的,又在脱贫攻坚、振兴民族传统工艺等国家发展重大需求中做出应有的贡献(图10)。

图10 织锦非遗研修班资料

1.4 以"文化输出"为导向的"国际学员"培训模式,发挥国际学员辐射效应

通过针对"一带一路"发展中国家开办丝绸国际培训班,加强"一带一路"沿线国家间的交流,传承和弘扬丝绸之路友好合作精神,开展多层次多维度的技术交流、文化交流、人才交流,解决了丝绸界不同国家的专业人员

开展丝绸国际培训的问题,形成了较成熟的培训体系与教学模式,提升了浙江理工大学纺织丝绸专业国际化教育水平和竞争力,有效传播了我国悠久的丝绸历史文化(图11)。

图11 丝绸国际培训班资料

2 改革应用与推广

2.1 构建"纺织非遗+"多层次纺织复合创新人才培养体系,培养行业精英,铸就中国魂

近年来,纺织工程专业在学科建设和教学研究方面成绩显著,如建设国家级精品课程1门,国家精品视频公开课1门,省精品课程2门,校精品课程3门,4A网络平台精品课程5门,形成了国家、省、校三级精品课程建设体系。2019年纺织工程专业通过工程专业教育认证,获批第一批国家一流本科专业。同年,软科中国最好学科排名发布,浙江理工大学纺织科学与工程学科排名全国第二。

通过"非遗进校园、学生出校门以及非遗大师、企业专家进课堂"教学新模式,除研修班开班时期组织交流会外,更是积极开展"非遗文化进校园"主题沙龙等活动,使学生获得与国家级、省级非遗传承人面对面交流的机会,直观地欣赏各位大师的作品和风貌,帮助学生正确地认识中华优秀传统文化,更加了解中国传统文化,树立正确、稳定、积极的价值观,对我们国家在非遗文化保护传承中的努力和奉献有了清晰地了解,更加认可纺织、丝绸专业和政府相关工作的意义,思想政治素养得到了明显的提升(图12)。

图12　纺织专业的学生同非遗传承人交流学习

通过构建"本科教学、非遗研修、国际培训"相结合的"纺织非遗+"多层次纺织复合创新人才培养体系和新教学模式,学生的各项能力和素养得到了全面的培养,并在各项学科竞赛、社会实践活动中取得了优异的成果。

"建行杯"第六届浙江省国际"互联网+"大学生创新创业大赛,纺织科学与工程学院(国际丝绸学院)参赛团队荣获3金2银的好成绩(图13)。

图13　纺织专业学生在"互联网+"大学生创新创业大赛、浙江省暑期社会实践风采大赛上获得佳绩

2020年,浙江省暑期社会实践风采大赛中,学校申报的6支团队共有2支队伍获得"十佳团队"称号、1支队伍获得"十佳团队提名"称号,另有3支队伍获得"百强团队"称号,十佳及提名奖获奖数量位居全省高校第一位,学校荣获"最佳组织奖"。其中,获得"十佳团队"称号的队伍为纺织科学与工程学院(国际丝绸学院)的"我为丝绸代言"——青年大学生走进丝博馆实践团和"织锦扶贫 浙理助力"脱贫攻坚实践团。2021年,"少数民族非遗织锦推广现状及对策研究——以壮锦、黎锦、傣锦为例"项

目入围浙江省第十七届"挑战杯"大学生课外学术科技作品竞赛决赛。

自2020年起,纺织科学与工程学院开始在一年两度的海宁家博会现场设置展厅,展示学院师生美术图案作品与家纺产品实物,分外引人注目(图14)。

2.2　依托"织锦非遗研修班",培养非遗人才,助力文化、产业扶贫

针对非遗传承人或从业人员,成功举办了6期"织锦技艺传承及创意设计研修班",

图14 学生作品在2021海宁家博会上展出

共计120余名学员参加了研修,参加对象都是织锦和纺织非遗相关领域的高级传承人和资深从业者,学员来自浙江、江苏、四川、广西、贵州、山东、海南等地;涉及织锦技艺的非遗项目有杭罗、杭州织锦、云锦、宋锦、蜀锦、壮锦、鲁锦、黎锦、缂丝、马尾绣、土布蓝染等;涉及汉族、苗族、水族、壮族、黎族、侗族、布依族、满族、回族等民族;既有70多岁的国家级非遗传承人,也有在高校接受过博士、硕士教育的年轻传承人;既有技术娴熟的织锦技艺大师,也有现代织锦企业的管理人员和技术负责人,涉及7省(自治区)9个民族。结合自身的专业优势条件,构建了"织锦非遗研培+精准服务"体系(织锦技艺传承及创意设计),为非遗传承人构建了意义深远和传承创新的良好平台,搭建起非遗传承人与现代企业紧密联系的坚固桥梁(图15)。

图15 交流研讨会和基地授牌仪式

浙江理工大学与贵州省黔南州文广新局签署了共建"浙江理工大学——黔南州非遗推广与文化创意设计中心"的合作协议,共同举办"文化创意设计大赛"、共同推动成立"黔南州文化创意行业协会"等,形成了一大批具有黔南文化元素的文创产品,也为宣传和推广黔南文化做出了积极贡献(图16)。

图16 非遗保护与文化产业助推脱贫攻坚交流研讨会

2017年以来,为传承人提供技术和产业对接100余次,促成数十个西部贫困地区学员与东部现代企业开展产业转化合作案例。如"织锦娃娃""锦汇丝路""布傣美锦""灿然黎锦""盐田织彩""浮云堂"等项目,直接或间接提供就业岗位数千个(图17)。

图17 "非遗、文旅、产业"对接活动

2.3 融合创新、科技创新、跨界创新,为非遗发展注入新思路

织锦研修班在保护和发展传统织锦非遗技艺、培养手艺传承人的基础上,也为研修班学员搭建了沟通、融合、创新的平台。从最初的侧重设计到侧重品牌、营销,从侧重研培到关注产品落地、助力脱贫攻坚,从学校到多方合作,切

实解决织锦非遗传承中存在的一些痛点。通过项目完善的课程培养体系和培养环节，能有效弥补学员传统民间师徒传承中不足的知识结构，提升学员的传承能力和传承水平，能更好地以织锦视觉元素、精神特质、历史文化等为创作原点，结合现代主义设计文化、地域文化、特色旅游文化等丰富内容，用全新的时代语言诠释古老的传统文化，加速织锦项目个性化、潮流化、创意化转型，促进织锦项目走进现代生活，重新焕发生命力。

研修班学员在研修结束后，了解了现代纺织工业的发展，对纺织服装产品、文创产品的需求以及流行发展趋势，通过纺织丝绸非遗技艺与现代纺织科技的进一步结合，传统技艺和现代时尚的进一步融合，提升了产品创新能力，所设计开发的产品取得了更高的市场认可度和经济价值，并多次入选相关高端展会和展馆(图18、图19)。

图18　入选中国第十二届文化艺术展的研修班学员作品民族娃娃和第二批浙江省优秀非遗旅游商品

图19　织锦研修班成果亮相中国丝绸博物馆

在织锦非遗研修班老师的指导下，非遗学员杭州万事利丝绸有限公司季文革与贵州黔南州苗艺公司陈青学员合作开发非遗苗绣百鸟衣衍生品服饰系列；二期学员吴颖、钱芬琴、钟欣、梁恒源合作设计新云锦亲子服饰和配饰，面料为二期学员钱芬琴所在浙江丝绸科技有限公司生产；二期学员钱之毅、沈蓓、陈容、张建琴合作设计的巨幅墙布产品，面料成品为钱之毅所在浙江汇明提花纺织有限公司生产制作，在此基础上又创作了"锦汇丝路——扬帆奋进""青峰造极"两款作品；一期学员世界级非遗杭罗传承人邵官兴，通过浙江理工大学的牵线，与新中式服装品牌"浮云堂"合作开发了一系列新款服饰。

组织学院教师与黔南州吾土吾生创始人韦翔龙共同进行布依族织锦元素民族航空制服设计，将布依族传统手工织锦纹样通过现代织锦设计方法以及现代提花织机织造，将传统图案转化为高效且可以广泛应用的织锦面料，并参加首届多彩贵州民族服饰设计大赛，获得民族元素职业工作装二等奖；传统挑花织造的壮锦围巾，费时费力，在学员万事利丝绸有限公司的季文革手里，采用先进的数码追踪印花技术，织造单色的壮锦围巾，通过数码追踪印花生产制作，形成了精美的壮锦新产品；学员吴颖与学员钱芬琴所在浙江丝绸科技有限公司合作开发的新面料，与小罐茶跨界开发制作了云锦茶系列、云锦君子席礼。

织锦研修班模式获得学员和文化和旅游部的高度认可，学员通过多种方式表达了对研修班以及学校的感谢，获得央视七套、浙江电视台国际频道、黔南州电视台、杭州市电视台、《光明日报》《中国教育报》《中国青年报》、非遗传承人群研培计划、手艺中国等媒体和平台的关注和报道(图20)。

在浙江理工大学，云锦、宋锦、壮锦不再是单独独立的个体。来自五湖四海的学员们借助研修班这一平台相互交流、借鉴，每个地区的织锦也相互融合、创新。织锦的身后，是代代相传、亘古不变的工匠情怀，而融合与创新，则为织锦的发展增添了新的色彩。

早上有幸听到文化部非遗司长马盛德关于"我国非物质文化遗产保护现状、问题及对策"的深度讲座，意犹未尽，深受启发。好的观点跟大家分享：民族自信靠文化，文化复兴靠创新。非遗是一种生活方式，我们保护的是制作过程、艺术风格特色，以及环境与素养。但是我们同样需要将这样的保护与当代生活结合起来，满足人们的需求。非物质文化遗产是全人类的文化，他不属于哪一个人、哪一国家。他属于全人类，我们要共享这个文化，再造这个文化。如果把汉服重新穿在身上那不是保护是文化倒退，而是我们要塑造汉唐时期我们在文化理解及文化自信上的高度，让所有人渴望享受及拥有这种生活情趣，并做到精致与仪式。这才是一种文化崛起与复兴。现在衣食住行仅仅剩下吃我们还保留中国的多元化文化，其他三个要素我们已经失去了这种文化自信，对于从事相关非遗保护工作的人群与组织来说，我们要解决他的核心技艺，更要解决生活需求与美学问题。我瞬间拉粉，对又帅又有才的马司长膜拜至极👏👏👏 在这条中华文化崛起的道路上拼搏下去💪💪💪

图20　学员感谢信

2.4　培养国际化纺织工程人才，促进"一带一路"沿线国家的融合与发展

发展中国家丝绸国际培训班根据参与培训班学员的工作及教育背景、学员感兴趣的专题、丝绸行业的发展趋势，精心挑选授课内容，设计培训方案，注重授课与参观相结合，注重具体实践与方法的讲授交流。丝绸国际培训班连续举办4年，共接待来自波兰、越南、泰国等14个国家的75名学员。学员均来自各国的政府机构、高校、研究院及企业。培训班向"一带一路"沿线国家宣传推广中国丝绸文化，培养丝绸产业人才；积极为"一带一路"沿线国家和国内纺织企业搭建合作平台，推进浙江省纺织行业出口创汇、创利；实施开放办学，提升国际交流与合作的层次和水平。通过培训班的开展，加强"一带一路"沿线国家间的交流，传承和弘扬丝绸之路友好合作精神，开展多层次多维度的技术交流、文化交流、人才交流，提升了"一带一路"国际影响。目前，学校已经和20多个国家和地区的100余所院校和机构广泛开展包括中外合作办学、联合培养、师生互派、合作研究在内的多种形式的交流与合作（图21、图22）。

图21　国际培训班开班合影

图22　国际丝绸专业人员深入了解中国现代纺织工业和传统丝绸文化

举办国际培训班项目是我国科技援外工作的重要组成部分，也是一个很好的对外交流平台，为国内丝绸行业与亚非各国同行之间搭建起信息交流和科技合作的桥梁，使中国先进的丝绸相关技术在亚非发展中国家得到推广应用，也为国内丝绸企业和科研机构带来了国际化发展的新机遇。

纪录片《锦程东方》在国内外多个平台上发布，讲述了以浙江为代表的世界丝绸产业的变化和发展，向观众展现了中国丝绸特别是浙江丝绸产业的蓬勃发展，《杭州日报》刊发祝成炎教授题为《浙江丝绸产业的地位与发展》的文章，以"丝绸贸易"为媒介的"一带一路"倡议正在践行中不断前进，以

"丝绸文化"为枢纽的中国国际影响力正不断提升(图23)。

图23　纪录片《锦程东方》及《浙江丝绸产业的地位与发展》文章

3　改革的主要创新点

(1)构建"本科教学、非遗研修、国际培训"相结合的"纺织非遗+"多层次纺织复合创新人才培养体系。

(2)建立"非遗进校园,学生出校门,非遗大师、企业专家进课堂,文化软实力、技术硬实力出国门"的新教学模式。

(3)建立"悠久丝绸文化"和"课程思政"教学深度融合的课程思政教学体系。

致谢

本文为教育部中外人文交流中心与纺织服装(丝绸)行业中外人文交流研究院2022年度人文交流专项研究课题《纺织服装(丝绸)"一带一路"东南亚来华留学生培养机制改革》(2022YJY1006)、浙江省高等教育"十四五"教学改革项目《工程教育认证与新工科协同建设下纺织工程专业人才培养体系改革》(jg20220184)的成果。

参考文献

[1]　翟博. 加强中华优秀传统文化教育[N]. 中国教育报, 2017-8-31.

[2]　张兰. 为实现"两个一百年"奋斗目标和中华民族伟大复兴的中国梦而奋斗:学习贯彻习近平总书记系列讲话精神交流会发言摘要[N]. 光明日报, 2014-1-20.

[3]　张红霞, 祝成炎, 胡云中, 译. 基于高校教育云的纺织专业课程改革探析:以少数民族非遗传承为例[J]. 教育教学论坛, 2021(20):53-56.

[4]　张红霞, 祝成炎, 鲁佳亮, 等. 少数民族纺织非遗融入高校专业教学的路径分析:以丝绸织锦技艺为例[J]. 教育学文摘, 2021(4).

[5]　张红霞, 祝成炎, 田伟, 等. 少数民族织锦文化融入高校教育的路径研究[J]. 浙江理工大学学报:社会科学版, 2022(3):363-368.

中国传统技艺保护与传承的实践探索 ——以中国非物质文化遗产传承人群 研修研习培训计划"织锦技艺传承及 创意设计研修班"为例

祝成炎,张红霞,李启正,鲁佳亮,马雷雷,陈俊俊,田伟

浙江理工大学,纺织科学与工程学院(国际丝绸学院),杭州

摘　要:随着我国社会经济的飞速发展,各界人士对非物质文化遗产的传承、保护与发展更加重视。"中国非物质文化遗产传承人群研修研习培训计划"是文化和旅游部、教育部、人力资源和社会保障部等部门组织高校和相关机构依托自身专业优势开展的多形式的针对性教育活动,增强了文化自信,提高了保护传承水平,提升了可持续发展能力。本文着重介绍了浙江理工大学"织锦技艺传承及创意设计研修班"经过5年共9期的研培实践经验,为非遗传承人群的培养以及非遗融入高校教学提供了切实可行的操作模式。

关键词:非遗;织锦;研修研习;传统技艺

在现代工业迅速发展的环境下,社会生产效率飞速提高,人们的生活理念和消费模式发生了深刻变革。非遗作为几千年来传统文化的积淀,似乎与现代生活格格不入,过去承担日用品生产的手工技艺大部分被机器替代,如何将非遗与现代生活方式有效融合变得尤为重要[1]。

纺织类非遗作为我国传统服饰最常使用的手工技艺,近年来,包括织、染、印、绣在内的纺织类非遗通过创新发展模式、融入时尚品牌、丰富传播路径、拓宽行业边界等方式,频频出现在人们的视野中,作为中华民族文化的瑰宝,受关注程度日益提升,纺织类非遗的传承与发展迎来了重大发展机遇。在探索纺织类非遗保护、传承与发展的过程中,"中国非物质文化遗产传承人群研修研习培训计划"项目可谓是有效举措之一。浙江理工大学借助 120 多年的纺织学科专业背景,自 2017 年以来承担了"中国非物质文化遗产传承人群研修研习培训计划——织锦技艺传承与创意设计培训班"的项目,在中国传统技艺

保护与传承的实践特别是纺织织锦类非遗的传承与发展方面进行了积极的探索。

1　中国纺织织类非遗发展现状

中华民族非物质文化遗产形式多样,是体现一个民族一个国家民族性、地域性的重要参考。截至 2022 年 4 月,国务院已经发布了 3610 项共 5 个批次的国家级非遗项目,其中国家级纺织类非遗项目有 441 项,包括纺织技艺、刺绣技艺、印染技艺和传统服饰等四个大类。其中,纺织技艺类有 81 项[2],主要包括各类布匹织造技艺:棉布、各民族(黎族、壮族、侗族、苗族、佤族、傣族)各类织锦(如云锦、宋锦、蜀锦、侗锦、鲁锦)、缂丝、卡垫、毛及丝毯、夏布、粗布等;各类布匹织造技艺尤其是锦类织物多出现在少数民族当中。

党的十八大以来,随着中华优秀传统文化创造性转化和创新性发展深入推进,中国纺织非遗工作得到快速发展,使纺织非遗人深受鼓舞,但纺织非遗事业仍然面临着人才

传承短缺、设计创新薄弱、资金支持不足等问题,小、散、弱现象比较严重,尤其是市场化发展问题非常突出。2021 年 5 月,文化和旅游部印发了《"十四五"非物质文化遗产保护规划》[3],提出"十四五"时期,要进一步加强非遗系统性保护,健全非遗保护传承体系,提高非遗保护传承水平,加大非遗传播普及力度。中国非遗传承人研培计划制定"十四五"期间研培计划工作方案。加强研培计划参与院校绩效考核,定期评估、调整参与院校名单。支持相关院校将研培计划纳入常态化工作,完善学科体系和专业建设,开展传承人群学历教育,推动相关院校建立非遗保护专业。推动高校与传承人开展科研合作、与代表性项目所在地开展交流协作。

浙江理工大学纺织科学与工程学院(国际丝绸学院)是学校具有百年办学底蕴、师资力量雄厚、学科特色鲜明的学院,其前身可追溯于 1897 年近代首批官办新学机构"蚕学馆",是我国纺织高等教育的开创者,丝绸与先进纺织材料的引领者。学院在先进纤维材料、现代丝绸纺织工程、生态染整与纺织化学、数码纺织品设计与服装工程、智能纺织品等方面具有鲜明办学特色。依托自身专业优势,截至 2022 年学校已举办了 9 期国家文旅部"织锦技艺传承与创意设计培训班"项目,项目在工作筹备、师资安排、课程设置中紧紧围绕"织锦"主题,坚持精准研修,助推地方脱贫攻坚,并通过多渠道沟通模式,搭建传承人之间的交流互通平台,构建"织锦朋友圈"。

2　织锦技艺传承与创意设计培训班项目介绍

自 2017 年以来,浙江理工大学围绕织锦技艺传承及创意设计,根据文旅部"强基础、增学养、拓眼界"的研修原则,从织锦行业的发展需要和非遗项目的从业人员成长需求,已成功承办了 9 期"织锦技艺传承及创意设计研修班",相继为四川蜀锦、南京云锦、苏州宋锦、广西壮锦、杭州织锦、山东鲁锦、海南黎锦、云南傣锦、苏州缂丝、布依族织锦、水族马尾绣、苗族蜡染、布依族枫香染、蓝染蓝印、桐乡濮绸、杭州丝绸画缋等非遗项目 184 位传承人或从业者提供了针对性的高级研修。

2.1　前期调研与后期回访

为深入了解把握相关非遗项目的特征、历史演变与文化内涵、传承人群的传承需求,在招生前期奔赴各个非遗传承项目实地考察、走访调研,为开班准备及课程设置进行前期的调研。同时,研修班结束后,收集研修学员的学习收获及后续发展设想、非遗发展困境等,项目组利用多种方式进行研修学员的回访工作。

(1)利用寒暑假进行学员回访

"织锦技艺传承与创意设计研修班"赴贵州、山东、江苏、浙江等地进行了学员回访,积极对接当地政府、企业和研修学员,深入挖掘浙江理工大学在非遗研修项目的特色和所能发挥的作用,了解地方政府和传承人群的传承需求,收集学员的学习收获及后续发展设想等。

(2)利用大学生暑期社会实践进行学员回访

为进一步加深对贵州黔南非遗项目的了解和研究,深入开展非遗的调查与利用,回访学员。2018 年 7 月,由浙江理工大学 17 名师生组成的调查组分三组深入荔波、三都、都匀三地,开展为期十天的非遗调查,内容涉及水族剪纸传统纹样及产业转化、水族马尾绣传统纹样及产业转化、水族土布传统纹样整理、苗族传统村寨调查等。

(3)师资力量

培训项目教学团队由具有丰富的理论和实践经验,来自丝绸纺织行业的权威专家、博士生导师和教授为主,青年教师为辅,紧密围绕"织锦"这一关键词进行展开。将汇聚浙江理工大学、中国丝绸博物馆、万事利集团等国内权威丝绸织锦纺织高校和机构的权威专家队伍为授课教师,并聘请国内丝绸技艺非物质文化遗产传承人等进行实践授课,理论结合实践的师资队伍为培训项目的成效和影响提供了保障。

(4)课程设置

成立专门的研修班工作小组,制定合理的教学计划,根据学员的工作及教育背景、学员感兴趣的专题,精心挑选授课内容,设计研修方案;注重授课与参观相结合,注重具体实践与方法的讲授交流。课程延续浙江理工大学特有的"艺工结合"模式,以织锦的生产流程为导向,跨课程的"项目化教学",围绕织锦项目主题,把与此项目主题有关的不同学科、

不同课程的内容都融合到该项目主题作品中,由多位教师围绕项目主题设计采用学员感兴趣的教学方法,教授互相补充实现知识的多元化,以"丝绸文化与遗产—织锦历史与产品""丝绸原料—纹样—纹织—织造"为两条脉络,以学员作业设计"跨课程项目"串联前后课程,分门别类地开展内容丰富、重点突出、针对性强的研修,主要包含普法类、史论类、基础类(含课程创作实践)、观摩类四大类课程(表1)。

表1 织锦技艺传承与创意设计培训班课程设置

课程模块	课程内容与任务		课程名称	备注
普法类	相关法律、法规、政策学习		保护非物质文化遗产公约、非遗保护基础理论和政策、知识产权保护	理论学习为主
史论类	项目的发展历史、传统、传承人讲坛		宋锦之美、丝绸纺织与科技进步、织锦艺术史、丝绸与文化传承	专家、教授为主,讲座形式
基础类(含课程创作实践、织造)	项目相关的织锦织造技能课程、艺术素质课程、实践课程	艺术类	织锦图案创意设计、织锦色彩理论与实践、织锦创意设计理论与实践、织锦图形图像处理	"艺工结合"模式,跨课程的"项目化教学",学员作品贯穿整个课程研修
		工艺类	蚕丝纤维与发展、丝织技术与发展、丝绸印染工艺与产品、织锦工艺与表现、现代宋锦设计与产品研发、提花织物CAD、织锦数码化创意设计	
		营销类	织锦产品的视觉营销、文化创意产品设计、产品陈列设计、产品时尚设计与跨界应用	
观摩类	企业、工作室、博物馆参观、交流、学习		中国丝绸博物馆、钱小萍艺术研究所、苏州丝绸博物馆、苏州博物馆、南京云锦研究所、南京博物院、都锦生博物馆、达利(浙江)有限公司、浙江巴贝集团、浙江泰坦集团、万事利集团等	参观、交流为主

同时,项目组根据每一期研修班非遗传承人项目特色,安排专门的特色课程,如第六期黔南州特色班,黔南州纺织类非遗一直处在一个相对封闭的发展状态,大多以手工作坊的形式存在,非遗传承人有手艺、有技术,

但是他们不懂市场,不懂品牌,对文化内涵的挖掘存在困惑。因此研修项目聘请到文化创意、服装设计等方面的专家和设计师,就《产品时尚设计与跨界应用》《驱动转型的品牌设计战略》《非遗——经典的"背叛"》等课程进

行授课,全新的视角、创新的理念,带领黔南的非遗传承人打开视野,重新审视现代背景下的传统非遗的生存与发展。对于今后他们的非遗产品在促进产品生活化、提高产品使用性,提升研发能力方面,有着积极的借鉴作用。

针对"回炉研修班",浙江理工大学提出"项目化"和"双导师制"的培养理念。"项目化"指以课题研究、设计和实践开发新产品为主,围绕非遗项目,设置不同的研究项目,项目来自学员的客观需求和创新实际,计划小组为单位,新老搭配,一个主题深入研发;"双导师制"指在原有学校导师的基础上再配备企业导师,双导师一起协助学员开发与试制,学校导师主要把握设计思路与方案,企业导师侧重把握试制工艺及解决实际技术问题,共同协助学员提高,通过非遗研修班的深入研修,完成项目研究或产品开发落地。除必修的理论课程之外,大量增加创意设计、工艺设计、试制技术及实际生产等与产品创意落地相关的后续课程,增设与学校、企业导师对课题的联合研究、探讨以及在企业试制、生产等实践课程。

2.2　宣传报道

2017 年以来,研修班主办的"织锦非遗研修"官方微信公众号已完成宣传报道 170 余篇,其中专访 30 余篇,专家观点 20 余篇,关注粉丝近 1000 人。因选题角度新颖,文章质量高,"非遗传承人群研培计划"对织锦非遗研修项目赞誉极高,已录用稿件 20 余篇,研修班活动也被 30 多家门户网站广泛转载传播。《人民日报》《中国青年报》《中国教育报》、"非遗传承人群研培计划"等官方媒体纷纷对研修班的学员进行采访报道。

项目宣传报道组拍摄和记录了大部分的课程与参观实践,形成图像视频资料高达100GB。由于研修班的影响较大,央视七套《乡土》和《手艺中国》纪录片摄制组专程到学校对研修班进行了拍摄,节目已于 2018 年 1月 30 在央视七套播出。

在研培项目的支持下,浙江理工大学拍

摄制作了《织锦非遗保护——浙理工永远在路上》《繁华记忆——织锦故事》《融和》《研修班与脱贫攻坚故事》等纪录片,在业内也引起了强烈的共鸣和热烈的反响。数十家单位前来索取《繁华记忆——织锦故事》纪录片,用于织锦非遗教学和宣传。

2.3　成果推广

2017 年以来,浙江理工大学项目组举办了数场有影响力的展览,如 2017 年在浙江理工大学举办的"织锦技艺传承与创意设计研修班学员作品展"、2018 在中国丝绸博物馆的"锦绣未央——浙苏鄂三校纺织类非遗传承人群研培计划成果展览"、2019 年在越南-国际丝绸织锦文化节上的"中国织锦展"和 2019年在中国美术学院举办的"生根·迭代——浙江高校非遗研培的实践学员作品展"等,为研修学员搭建了专业且极具影响力的技艺/作品展示平台,获得社会及学员的热烈响应和拥护。

3　非遗保护与传承成效

3.1　为乡村建设、共同富裕助力

通过紧密的校地合作,促成了西部地区非遗传承人与东部沿海地区纺织企业形成紧密合作,数家传统纺织手工艺企业得到发展和壮大,为西部地区脱贫攻坚贡献了自己的力量,也为织锦非遗文化的宣传推广创造更多条件。

与贵州省黔南州深入合作,举办了整建制的"黔南州纺织特色非遗高级研修班",校地联办"非遗保护与文化产业助推脱贫攻坚交流研讨会",共同成立"浙江理工大学黔南州非遗推广与创意设计中心"和"浙江理工大学大学生社会实践基地",与黔南民族师范学院、黔南民族职业技术学院建立了战略合作,形成了东西联合、校地合作的浙江理工大学模式和经验。对开拓中国织锦非遗传承人的眼界和思路起到了极大的作用,在业内具有极大的影响力。"织锦非遗研修助力精准扶贫"被浙江省文化和旅游厅推荐申报文化和旅游部2020年"非遗扶贫"品牌行动。

苗族蜡染传承人张义琼,研修期间对接了常州植物染协会和相关企业,萌发了发展蓝靛种植及土布染织产业的意向,她认为贵州黔南发展这些产业具有独特优势,又能够支撑她的蜡染事业。回乡后没多久,就创办了注册资金3000万元的贵州九黎三苗生态科技开发公司,目前已种植蓝靛面积14000余亩,覆盖贫困户2800余户,同时向贫困户提供246个岗位,带动一大批群众脱贫致富。

三期及回炉班学员、广西壮锦传承人梁恒源回乡后创办了织锦芭比娃娃手工坊,他将传统壮锦与时尚玩偶进行融合,每年生产手工壮锦娃娃10万个,实现产值近千万元,为国家级深度贫困县广西忻城县100多位织娘和车工创造了在家就业的条件。

三期及回炉班学员海南黎锦传承人张潮瑛,创办了白沙灿然黎锦合作社,致力于手工黎锦的公益培训,累计已经举办28场,820余人次的培训活动,其中建档立卡的贫困户有65户。张潮瑛利用其舞蹈特长,在抖音上展示和销售手工黎锦服装,为乡亲百姓脱贫致富增加了一条新出路。

六期学员秦臻,深扎在湖南通道侗族自治县,共同为侗乡传统侗锦进行创意设计和开发培训。至2018年,借助"新通道"项目已累计培养侗族织娘300余名,帮助129名贫困户成功摘帽。2019年,又与六期学员"盐田织彩"负责人祝伟及织锦非遗研修项目组一起合作,开发新产品,用美丽侗锦"织"出脱贫致富路。

3.2 传统文化的保护与传承

中国传统技艺非遗项目中包含着中华优秀传统文化的基因,在中国的很多地方特别是少数民族地区,都拥有灿烂的文化遗产,通过研究提炼出传统文化基因,并加以创新利用,形成活态非遗,适应现代生活需要。织锦研修班在保护和发展传统织锦非遗技艺,培养手艺传承人的基础之上,也为研修班学员搭建了沟通、融合、创新的平台,从最初的侧重设计到侧重品牌、营销,从侧重研培到关注

产品落地、助力脱贫攻坚,从学校到多方合作,切实解决织锦非遗传承中存在的一些痛点。

通过项目完善的课程培养体系和培养环节,能有效弥补学员传统民间师徒传承中不足的知识结构,提升学员的传承能力和传承水平,能更好地以织锦视觉元素、精神特质、历史文化等为创作原点,结合现代主义设计文化、地域文化、特色旅游文化等丰富内容,用全新的时代语言诠释古老的传统文化,加速织锦项目个性化、潮流化、创意化转型,促进织锦项目走进现代生活,重新焕发生命力。

研修班学员在研修结束之后,了解了现代纺织工业的发展、对纺织服装产品、文创产品的需求以及流行发展趋势,通过纺织丝绸非遗技艺与现代纺织科技的进一步结合,传统技艺和现代时尚的进一步融合,提升了产品创新能力,所设计开发的产品取得了更高的市场认可度和经济价值,并多次入选相关高端展会和展馆。

贵州吾土吾生民族工艺文化创意有限公司负责人韦祥龙和小组导师张红霞及助教就布依族织锦通过现代织锦技术有效地转化为新的面料进行初探,他们以布依族双鸟纹的手工织锦为研究对象,在参考了布依族平铺图案织锦的构图规律后,最后开发出一款极具布依族特色的提花织锦面料,研发成果获首届多彩贵州民族服饰设计大赛三等奖。

3.3 非遗融入学科教学科研体系

研修班期间,组织学生参与非遗研修班的助教活动,将学生和研修学员分组,互相学习,开发产品,在此过程中,学生从非遗传承人那快速地学习吸收了关于非遗技艺的历史、纹样特色、工艺织造技艺等相关知识,并在和非遗传承人的合作中,将现代的设计理念和技法进行实际应用,设计出新的作品。围绕织锦技艺传承与创意设计非遗研修项目,浙江理工大学根据"强基础、增学养、拓眼界"原则,结合本科毕业设计、研究

生课题和教师申报课题,深入开展织锦非遗研究。

（1）本科毕业选题

①民族织绣产品特征及其提花实现;

②少数民族土布纹样的设计开发与非遗保护;

③融合了非遗"宋锦织造技艺"项目;

④余姚土布技术分析与产品开发。

（2）研究生课题

①漳缎在现代服饰设计中的传承应用;

②仿"缂丝"效果的提花织物工艺设计;

③Jamdani 纱丽的自动化织造研究。

（3）教师申报课题

①浙江理工大学教改课题:少数民族非物质文化遗产融入高校教学的路径研究;

②浙江省社科联社科普及课题:可以玩的余姚土布;

③中国纺织工业联合会高等教育教学改革立项项目:结合非遗传统技艺的"项目化教学"实验课程研究与实践;

④文化和旅游部科技教育司课题:傣锦的数字化保护及产业化开发。

3.4　教学科研成果

2021 年"'纺织非遗+'多层次纺织复合创新人才培养体系的构建与实践"获得中国纺织工业联合会纺织教育教学成果特等奖,结合实施了"纺织非遗+现代织造""一进一出,二引二出"的教学模式,引入多类实践活动,将纺织技艺与课堂教学、论文、社会实践、科技竞赛深度融合。成果通过实践应用,多层次人才培养成效明显,行业和社会影响显著。

2020 年浙江省暑期社会实践风采大赛中"我为丝绸代言"——青年大学生走进丝博馆实践团和"织锦扶贫 浙理助力"脱贫攻坚实践团获得"十佳团队"称号。2021 年,"少数民族非遗织锦推广现状及对策研究——以壮锦、黎锦、傣锦为例"项目入围浙江省第十七届"挑战杯"大学生课外学术科技作品竞赛决赛。

4　结语

我国非物质文化遗产传承人群研修研习培训计划是我国非物质文化遗产保护事业在新时期国家发展战略及文化发展的总体部署下进行的一项基础性、战略性工作,是我国在《保护非物质文化遗产公约》国际框架下不断提升履约能力和开展符合当前保护实践的创新之举。

2017～2022 年,浙江理工大学织锦非遗研修团队,围绕创意设计和现代传承的非遗保护和转化理念,承办了 9 期国家文旅部、教育部、人社部"中国非物质文化遗产传承人群研修研习培训计划——织锦技艺传承与创意设计研修班",为四川蜀锦、南京云锦、苏州宋锦、广西壮锦、杭州织锦、山东鲁锦、海南黎锦、苏州缂丝、布依族织锦、水族马尾绣、苗族蜡染、布依族枫香染等领域的 184 位传承人或从业者提供了针对性的高级研修;与贵州省黔南州深入合作,举办了整建制的"黔南州纺织特色非遗高级研修班",校地联办"非遗保护与文化产业助推脱贫攻坚交流研讨会",共同成立"浙江理工大学黔南州非遗推广与创意设计中心"等,形成了东西联合、校地合作的浙江理工大学模式和经验。对开拓中国织锦非遗传承人的眼界和思路起到了极大的作用,在业内引起了极大的反响。

致谢

本文为浙江省高等教育"十三五"第二批教学改革项目(jg20190135),浙江省高等教育"十三五"省级产学合作协同育人(浙教办函〔2019〕365 号),2019 年浙江省研究生联合培养基地、2019 年浙江省"十三五"省级大学生格外实践教育基地项目(浙教办函〔2019〕311号)的阶段性成果。

参考文献

[1]　刘海红.纺织类非遗的时尚之路越走越宽

[N]. 中国文化报,2021-04-13.

[2] 赖文蕾,刘畅,陈晓宇,等. 中国国家级纺织类非物质文化遗产名录整理[J]. 服饰导刊,2022,11(3):45-71.

[3] 文化和旅游部关于印发《"十四五"非物质文化遗产保护规划》的通知(文旅非遗发〔2021〕61号)[EB/OL].

信息化背景下"纺织材料学"教学改革探索与实践

侯雪斌[1,2],史晨[1],李妮[1],张华鹏[1]

1. 浙江理工大学,纺织科学与工程学院(国际丝绸学院),杭州
2. 美欣达集团有限公司,湖州

摘　要:信息化时代背景下,分析"纺织材料学"教学受到的影响,针对"纺织材料学"的课程教学存在的问题,从教学内容、教学方法及形式等方面进行信息化改革与创新探索,同时对课程教学的考核方式提出多元化改革与实践,提高教师的教学质量及学生的学习效果,为培养纺织专业优秀人才提供新的教学模式。

关键词:纺织材料学;纺织工程;信息化;教学改革

作为国民经济与社会发展的支柱产业和解决民生与美化生活的基础产业,纺织行业仍处于蓬勃向上的发展阶段,需要大量的具备纺织工程方面的专业知识和能力的专业技术人才。"纺织材料学"是纺织工程专业的一门基础课程,它为学生提供纺织纤维原料、纱线、织物的结构、性能、评价原理、状态、基本依据和分析方法[1]。"纺织材料学"作为新生最早接触的一门专业课,该课程对纺织工程专业的后续课程的教学起到了一定的指引与奠定基础的作用。同时,由于该课程的教学内容具有基础性和广泛性的特征,因此其教学效果直接关系到学生对本专业的学习兴趣与认同感,同时对学生后期的专业实习与工作产生重要的影响,因此该课程的教学对纺织工程专业人才的培养至关重要[2]。在如今信息化时代的大背景下,如何应对信息化对该课程教学的冲击,对该课程的教学改革的创新探索与实践成了广大纺织教育工作者需要思考的话题。

1　信息化教学的意义

信息化教学指在充分利用教育媒体、信息资源和技术方法的基础上,进行的以学习者为主体的双边教育活动。信息化教学在教学理念、内容与形式等方面均与传统的教学模式有所不同,可以更好地激发学生对专业知识的兴趣,增强学生的主观能动性[3]。同时,信息化教学具有时间、地点的灵活性,尤其是2022年以来受新冠肺炎疫情的影响,传统的课堂教学很多时候都无法正常进行。线上信息化教学应该得到大力发展与推广,避免导致教学停滞的问题。可见,信息化教学在社会快速发展中具有重要的意义,是适应当今时代发展的一种教学模式。

2　信息化背景下课程的现状与问题

2.1　课程学时与教学内容不匹配

"纺织材料学"课程作为纺织专业的一门综合性基础课程,它的课程内容几乎涵盖了机织学、针织学、纺织化学等多学科的知识,内容多而广泛。而且本课程教学在学生对本专业的认知启蒙阶段进行,要求教师在48学时内完成授课,这种情况下要想让学生对授课内容进行全部吸收与掌握存在一定困难。同时繁杂的知识体系导致学生学习阻力大、学习情绪变差,从而降低了学生对本专业的兴趣。因此,如何对教学规划与内容进行调

整,提高学生的学习热情与乐趣,使学生更积极地对本专业进行深入了解与学习是目前需要解决的问题之一。

2.2 课程内容过于陈旧

纺织行业历经近几十年的快速发展,已经成为我国国民经济重要的支柱产业之一。在市场经济的刺激下,纺织材料与加工技术以及产品具有种类丰富和更新迭代快速的明显特征[4]。掌握当今发展情况下所需要的专业知识对于纺织专业人才培养具有至关重要的作用。而目前"纺织材料学"的授课内容仍集中在传统的纺织领域,其中很多授课内容涉及的纺织材料与产品已经被市场的发展而淘汰,课程内容已经无法跟随行业多年的发展变化,因此存在课程教学内容滞后于当今行业发展的问题,从而导致学生对行业的新材料、新加工技术以及行业需求与发展趋势缺乏认知,这将使学生的学习变得无实际效益,同时影响学生对该专业的学习兴趣与专业认可。因此,课程内容的及时更新与行业发展现状的接轨是课程教学存在的问题。

2.3 信息化教学方式单一

尽管信息化的教学模式已经在授课中使用,但是其教学方式仍处于简单使用 PPT 进行演示与讲解的单一状态。尽管网络教学平台实现了信息资源、任务专区、课堂交流以及训练等功能,但是在教学过程中对网络教学平台的使用程度仍较低,且学生可以参与的互动环节很少,无法调动学生的积极性。信息化教学模式可以使教学内容可视化、层次更丰富、趣味性更强,但是目前的教学过程中教学方式的单一使用使得信息化教学模式的优势无法得到体现[5]。

3 教学内容的信息化改革与创新

3.1 调整授课规划

针对课程内容知识点多而广泛,而课时较少的矛盾,在授课前需要对授课内容进行合理设计与规划,需要做到突出重点内容、知识系统且层次分明,同时需要进行恰当的精

简划分,根据内容需要安排授课进度。根据不同章节知识点难易程度以及自学掌握能力评估,将授课内容进行层次化分割:

(1)针对章节中的核心以及难懂的知识点,需要在授课中着重讲解,且需要结合容易理解的动态视频演示,引导学生讨论等方式,从而加深学生的理解;

(2)对于一般的认知性知识点,比如材料原产地、产品用途、发展趋势等,则需要对该类知识进行系统整合,让学生进行简单但是富有逻辑性的全面认知;

(3)对于专业体系的边缘性知识点,只需要让学生根据个人兴趣与爱好进行自学即可。通过对课程内容的层次划分与框架整理,让学生具有一定的知识体系,对该课程的内容有更清晰的认知。

3.2 更新授课内容,关注行业发展与变化

教学目的在于培养适应于行业及社会发展的专业人才,因此,需要授予学生紧跟时代发展步伐的专业知识。针对教学中课程内容陈旧的问题,需要对教师在备课环节提出更高的要求,教师首先需要对知识点所涉及的行业现状与需求及时了解更新。很多传统的工艺技术已经被淘汰,为满足人们生活更高的要求,很多新型的纺织材料应运而生,这些新的变化都需要教师在备课中积极了解。在授课过程中,教师可以主动与先进的行业企业取得联系,获取最新的行业发展知识,并将相应的视频以及行业发展数据加入授课的课件中,让学生及时了解行业的发展与变化。

3.3 融合网络潮流知识,增强教学趣味性

教学在让学生掌握专业知识的同时,如何激发学生对专业的兴趣,对本专业具有高的认可度,是我们教学的更高的追求目标。在信息化时代的冲击下,学生获取知识的渠道更加丰富,而大量的信息中往往夹杂着很多不准确的错误知识,这对学生掌握知识的准确性造成了一定威胁[6]。纺织材料学的知识渗透在生活的各个方面,因此网络的错误

信息传递对本课程的冲击需要在教学过程中得到解决。教师在教学中，可以将当下的网络潮流知识进行梳理汇总，插入对应的教学章节中，对涉及的知识点进行科学的讲解。这样，在纠正网络错误信息的同时，利用学生对网络潮流的兴趣，增加教学的趣味性，从而提高课堂效率。

4　教学方法与形式的信息化改革

4.1　加强对信息化平台的利用

除了目前常用的雨课堂、微课和智慧课堂等信息化教学平台外，很多社交性质的平台也可以应用于信息化教学中[7]。比如，教学中利用微信平台对教学的专业知识梳理归纳，进行班级公众号科学知识的制作，组织学生参与其中，这样学生可以对知识具有更深刻的理解与掌握，同时可以培养学生的团体意识与集体荣誉感。

4.2　结合教学和实践，增加课堂的延伸性

通过理论知识教学和企业生产实践的结合，增加课堂教学的延伸性，丰富学生的知识体系，培养学生的实践动手能力，从而提升学生的综合能力[8]。具体包括：

（1）引入课堂小型实验演示，引导学生动手实践；

（2）采用"学校和企业联合教学"的模式，将对口企业的高级工程师引入课堂，为学生讲解最新的行业发展与变化；

（3）教师带领学生多参与专业性强的学科实践竞赛活动，鼓励学生进行创新实践。

5　课程教学考核方式的多元化

传统的教学考核主要是针对学生对于知识的掌握程度进行考核，一般包括平时作业完成情况与期末考试成绩。由于受到试卷内容的局限性，以及这种文字性考核的单一性的影响，这种考核方式对学生知识的掌握情况的反映其实是片面的。同时，单一的考核

方式容易让学生对考试产生严重的倾斜，不重视平时课堂知识的学习，而是一味地将精力放在考试结果中。对课堂的不重视将直接降低学生在课堂中的积极性，对课堂教学产生厌烦心理，从而严重影响教学效果。因此，对学生的考核方式进行多样化改革十分必要。比如，利用雨课堂等信息化教学手段，将学生在课堂中的回答问题、互动、专题演讲以及分组讨论情况等形式的课堂表现均列为综合成绩的考核项目，从而调动学生的课堂积极性，提升课堂教学效果。

6　结语

作为纺织工程专业的重要的一门专业基础课，"纺织材料学"的教学内容和教学效果严重影响了本专业学生对该专业的学习激情、专业认同感以及对后期专业知识的掌握情况，对专业人才的培养具有不言而喻的重要性。在信息化时代的大背景下，纺织材料学的信息化教学改革是一项十分必要的工程，它需要在不断的实践中进行调整与完善。结合纺织材料的课程特点，对调整授课规划，更新授课内容，融合网络潮流知识，增强教学趣味性，加强信息化平台的利用，增加课堂教学的延伸性，丰富教学考核方式，引导学生自主学习与思考，从而培养出具有扎实理论知识、实践能力与独立思考能力的专业人才。

参考文献

[1]　姚穆. 纺织材料学[M]. 5版. 北京：中国纺织出版社有限公司，2019.

[2]　郁崇文，郭建生，刘雯玮，等. 纺织工程专业"新工科"人才培养质量标准探讨[J]. 纺织服装教育，2021，36（1）：18-22.

[3]　张子玉. 新工科背景下信息化教学模式的应用现状及问题研究[D]. 北京：北京邮电大学，2021.

[4]　郭燕.《纺织行业"十四五"发展纲要》及《纺织行业"十四五"绿色发展指导意见》中纺织行业绿色发展解读[J]. 再生资源与循环经济，2021，14（10）：4-7.

[5] 冯晓虹．高校信息化教学的应用效应探究[J]．中国成人教育，2015(12):133-134.

[6] 阿嘎尔．从“假新闻”到“信息失序”:新视野下 MIL 教育的挑战[J]．新世纪图书馆,2021(2):5-10.

[7] 张妍．信息化时代的教育管理与信息化教育管理[J]．中国成人教育,2015(10):35-37.

[8] 刘福娟．浅析创新创业计划项目对大学生综合能力培养的重要性:以纺织工程专业大学生为例[J]．科技视界,2019(30):37-38.

课程思政在"机织学"教学中的探索与实践

田伟,祝成炎,丁新波,马雷雷,李艳清,金肖克

浙江理工大学,纺织科学与工程学院(国际丝绸学院),杭州

摘　要: "机织学"作为纺织工程专业非常重要的一门专业必修课程,有义务将课程思政融入教学中来,为祖国纺织行业培养合格的接班人。本文从"机织学"的人才培养目标、教学课程思政教育的整体设计、课程知识点与思政教育结合的思路、课程思政特色及取得的成果等几方面进行了探讨。结果表明,为了实现课程思政在教学中的有效融入,相关课程授课教师要达成课程思政共识,梳理专业课程中思政元素,使德育教育更加系统化,充分利用多样化教学手段和教学方法,精心设计教学过程,将思政自然地融入育人过程,实现立德树人,为党和国家培养全面发展的人才。

关键词: 课程思政;机织学;纺织;非遗

　　课程思政指以构建全员、全程、全课程育人格局的形式将各类课程与思想政治理论课同向同行,形成协同效应,把"立德树人"作为教育的根本任务的一种综合教育理念[1]。其主要形式是将思想政治教育元素,包括思想政治教育的理论知识、价值理念以及精神追求等融入各门课程中,潜移默化地对学生的思想意识、行为举止产生影响。2016年12月,习近平总书记在全国高校思想政治工作会议上强调,高校思想政治工作关系高校培养什么样的人、如何培养人以及为谁培养人这个根本问题。要坚持把立德树人作为中心环节,把思想政治工作贯穿教育教学全过程[2]。2020年6月,教育部印发《高等学校课程思政建设指导纲要》全面推进课程思政建设[3]。"机织学"作为纺织工程专业非常重要的一门专业必修课程,更加有义务将课程思政融入教学中,为祖国的纺织行业培养合格的接班人。

1　"机织学"课程开展课程思政的必要性

1.1　纺织丝绸高校教育中普遍存在的问题

　　我国纺织丝绸高校教育中普遍存在面向新时代需求的多层次纺织复合创新人才培养体系有待进一步完善[4],文化自信、民族自豪感教育需进一步加强;高校专业学生文化认同培养、思想政治教育同专业教育联系不够紧密,部分青年学生对中国传统文化不够重视;纺织丝绸非遗从业人员继续教育中"艺工结合""产教融合"有待加强,传统技艺传承与发展面临困境,许多传统技艺从业人员知识结构不合理、知识更新慢、缺少继续教育和学习提高的平台,已显现出后继乏人的现状,影响我国传统纺织工艺的振兴;纺织丝绸专业国际教育中引领纺织丝绸技术革新,整合国内外、校内外教学资源的方法有待进一步更新等问题。

1.2　"机织学"课程的人才培养目标

　　作为本专业基础必修课,基于本专业的人才培养要求,"机织学"课程的教学目标包括:

　　(1)价值目标

　　①加强师德师风建设,引导教师自觉将思政教育融入课程教学;

　　②通过纺织丝绸传统文化和技艺进课堂环节,激发学生对中国传统文化的热爱和爱国主义情怀,道路自信和职业自信;

　　③通过塑造学生"关爱生命、关爱自然、

尊重公平正义"的可持续发展价值观,让学生认识到履行社会责任从长期看就是创造价值,培养具有"伦理意识"的现代工程师;

④培养学生的大工匠精神,严谨严格的工作态度、精益求精的品质精神、追求卓越的创新精神。

（2）知识目标

学生了解并掌握机织物的形成过程、各种机织引纬方式及基本原理,织机五大运动的有机配合和协调运动。

（3）能力目标

学生在掌握基本原理的基础上做到举一反三,从而提高织造工艺中分析问题和解决问题的能力;授课中适当介绍当今国内外最新织造技术、微电脑技术、变频技术等高新技术在本学科中的应用,培养学生求实、创新

能力。

（4）素养目标

培养学生强烈的社会责任感,勤于思考深入研究问题,解决问题的习惯,具备终身学习的能力。

将传统文化与课程思政融入纺织专业的课程教学之中,是解决纺织丝绸高校教育中普遍存在的问题,培养适应纺织丝绸产业传承发展、具有国际视野的有文化有思想的创新型技术人才的有效途径[5]。

2 "机织学"课程思政教育的整体设计

"机织学"课程思政教育的整体设计思路如图1所示。

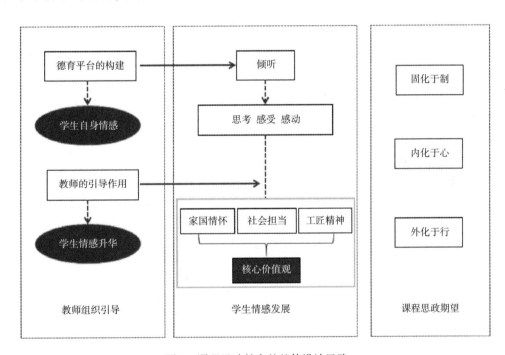

图1　课程思政教育的整体设计思路

3 "机织学"课程知识点与思政教育结合的思路

"机织学"课程内容丰富,可供挖掘的思政元素较多[6]。本文对"机织学"课程中的思政元素进行了梳理,每个章节根据主题不同

融入了相应的思政教学点,其中包括爱国主义情怀、工匠精神、职业自信和远大理想,实现全课程育人。另外,课程思政要润物细无声,避免生搬硬套,避免说教,而应循循善诱,引发学生思考,引起学生共鸣。"机织学"教学方法多种多样,包括头脑风暴法、讲授法、

互动讨论法、情景交际法、任务驱动法等,教学手段丰富,包括音频、视频、各种形式的网络资源、微信推送、信息化数字平台等。每节课的教学设计要巧妙安排,为思政内容量身定做适宜的教学手段和方法,使思政效果达到最佳状态(表1)。

表1 教学内容概述、课程思政育人目标与教学方法(举例)

章节	教学内容概述	课程思政育人目标	教学方法
织造概述	介绍世界纺织技术发展简史,培养学生历史观,从中国纺织机械发展历程培养学生的民族自豪感和创新思想	爱国主义情怀	渐进式教学
	介绍无梭织机的发展及现状,国内纺织企业织机的无梭化进程及现状,激发学生的职业理想和学习积极性	大国工业,道路自信与职业自信	研讨辩论式教学
开口	介绍国内织造技术发展水平与世界领先水平的差距,树立学生的职业责任心	工匠精神	生讲生评式教学
	开口机构——介绍国产多臂开口机构和提花开口机构的辉煌历史和快速发展的现状,培养学生的民族自豪感和强烈的职业责任感	爱国主义情怀	实地参观式教学
	开口的综合讨论——介绍世界领先水平的各种开口机构和未来开口机构的发展方向,激发学生创新意识和学习的积极性	爱国情怀、远大理想	边讲边评式教学
引纬	引纬的方式及选用——介绍各种引纬方式的特点及适用性,培养学生在分析问题、解决问题时综合考虑社会、健康、安全、法律、文化以及环境等约束因素的能力	工程师职业道德	问题导入式教学
	介绍国内外无梭织机的发展现状,通过对比国内外无梭织造技术的差距,激发学生创新意识和职业责任感	工匠精神	研讨辩论式教学
	喷水引纬——介绍喷水引纬对水质的要求,提倡学生在以后的工作中规范操作,一方面满足工艺的要求,另一方面是保护一线工人的身体健康	工匠精神、工程师职业道德	教师导演学生串演式教学
电子技术的应用	通过介绍织机电子控制的基本原理和电子控制在织机上的应用,激发学生的职业理想和学习积极性	职业自信	生问生答式教学
	通过介绍织机电子控制的发展趋势,激发学生创新意识和学习的积极性	远大理想	平行互动式教学

依据课程思政教育的整体设计、知识点 与思政教育结合的思路(图2),笔者对课程进

行了以下三个方面的改进：

3.1　优化课程内容

为了适应专业培养目标、毕业要求和课程目标的持续改进，对课程内容进行优化，将纺织丝绸传统文化与技艺相关内容融入课程，重点介绍当今国内、外最新织造技术、微电脑技术、变频技术等高新技术在本学科中的应用(图3)。

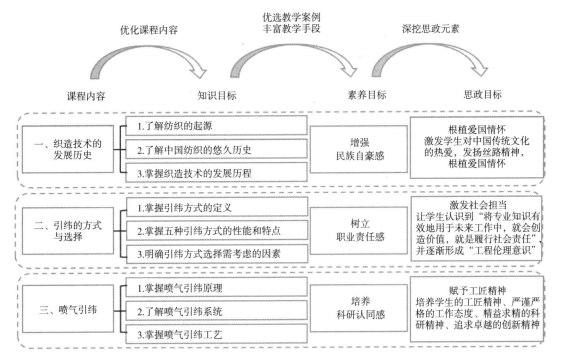

图2　知识点与思政教育结合的思路(举例)

图3　相关丝绸传统文化方面的课件[6]

3.2　优选教学案例，丰富教学手段

为了更好地实现课程的知识目标，对教学案例进行优选，同时丰富教学手段，该课程已建立了完整、详细、规范的电子教案、教材、课件、大纲、习/试题库、全程授课录像、录像资料、学生获奖、论文、专利及优秀作品等基本资源和拓展资源，并不断充实、更新（图4）。

图4　"机织学"课程参考资料

授课过程中鼓励学生在社会实践课程中选择到西部去、到基层去、到祖国和人民最需要的地方去（图5）。

图5　学生参加社会实践

3.3　深挖思政元素

结合课程内容和育人目标，本课程的思政元素包括爱国主义情怀、社会担当、工匠精神、职业自信和远大理想等。

4　"机织学"课程思政特色及取得的成果

4.1　课程思政特色创新

4.1.1　教学立意高远，服务行业、服务社会

课程以培养具有"伦理意识"的现代工程师为目标，塑造学生"关爱生命、关爱自然、尊重公平正义"的可持续发展价值观，培养学生的大工匠精神，严谨严格的工作态度、精益求精的品质精神、追求卓越的创新精神。

4.1.2　课程内容新颖，传统文化与现代技术相融合

纺织丝绸传统文化与技艺相关内容融入课程，增强学生的历史感和民族自豪感；激发学生对中国传统织锦文化的热爱，使学生初步树立对织锦非遗产品传承与发扬的意识；发扬丝路精神，根植爱国情怀。

4.1.3　创新教学理念，把握课程功能定位

课程突出"以学生为中心，以产出为导向"的理念，培养学生求实、创新的能力，强烈的社会责任感，勤于思考深入研究和解决问题的习惯。

4.1.4　教学方式创新，以做促学，知行合一

小课堂、大实践，依托课程思政教学与企业实习实践基地等，突破课堂时空局限，实习实践、志愿服务、脱贫攻坚等，践行知行合一理念。

4.2　课程取得的成果

"机织学"课程建立了完整的线上课程资源，包括准备工艺、织机的五大运动（包括开口、引纬、打纬、送经、卷取）等51个授课视频，时长520min。截至目前，各平台线上选课人数已超500人。

2020年新冠肺炎疫情期间，学生无法顺利复课，因为拥有成熟的线上课程资源，织造学课程选择线上线下混合式教学的方式进行，学生的学习效果未受影响（图6、图7）。

图6　新冠肺炎疫情期间学生线上学习

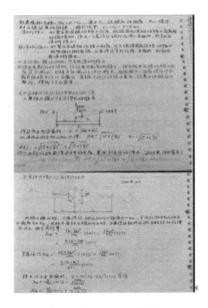

图7 学生线上上课笔记

2019年底,浙江理工大学—嘉欣丝绸大学生校外实践基地被授予浙江省大学生校外实践基地,实现了理论与实践教学的有机结合(图8)。

图8 学生在实践基地参观学习

2020年,提花机织物设计与生产虚拟仿真实验获批了浙江省虚拟仿真实验项目(国家级正在申报中),实现了授课过程的虚实结合(图9)。

图9 提花机织物设计与生产虚拟仿真实验

2020年,"锦绣前程——织锦非遗助力脱贫攻坚"获浙江省第十二届"挑战杯"大学生创业计划竞赛二等奖;"锦绣前程——科技创新助力非遗"公益践行者获第六届浙江省国际"互联网+"大学生创新创业大赛金奖(图10)。

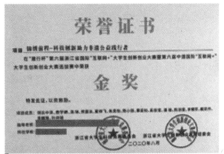

图10 获奖证书

综上所述,"机织学"作为纺织工程专业的一门必修课程,无论从国家导向、课程性质和目标,还是课程内容和形式上都有必要且更适合进行课程思政建设,相关课程授课教师要达成课程思政共识,梳理专业课程中思政元素使德育教育更加系统化,充分利用多样化教学手段和教学方法,精心设计教学过程,将思政自然地融入育人过程,实现立德树人,为党和国家培养全面发展的人才。

参考文献

[1] 教育部. 教育部关于全面深化课程改革落实立德树人根本任务的意见[EB/OL]. 教基二[2014]4号,2014-04-08.

[2] 习近平. 在全国高校思想政治工作会议上的讲话[N]. 人民日报,2016-12-09(1).

[3] 教育部. 教育部关于印发《高等学校课程思政建设指导纲要》的通知[EB/OL]. 教高

〔2020〕3 号,2020-06-01.

[4] 梁建军. 当前大学生思想政治工作中存在的问题与思考[J]. 教育理论与实践,2017(4):39-40.

[5] 陆赞. 新形势下纺织类专业课程思政教学新路径[J]. 科教导刊(中旬刊),2020(4):103-104.

[6] 祝成炎. 现代织造原理与应用[M]. 北京:中国纺织出版社,2017.

新工科背景下"针织学"课程建设的探究

王金凤,陈慰来

浙江理工大学,纺织科学与工程学院(国际丝绸学院),杭州

摘　要:在新工科和工程认证教育背景下,对"针织学"课程进行教学改革。教学内容将艺术与工程相结合,理论和实践相结合,融合针织方向新技术、新工艺、新应用,将科研成果等融入教学内容中,采用"积极课堂"的互动教学模式,并充分发挥校外实习基地的作用,结合浙江省产业特色,为浙江省的纺织业培养具有较强创新能力的针织设计人才。

关键词:新工科;工程认证;针织学;积极课堂;艺工结合

工程教育专业认证的理念已在全世界高等教育领域达成共识,这是新时代工程教育的必然趋势。我国于 2005 年开始进行工程教育专业认证试点,经过 10 年的发展,于 2016 年 6 月 2 日正式成为国际本科工程学位互认协议《华盛顿协议》的第 18 个正式会员。为推动工程教育改革创新,教育部积极推进新工科建设,分别在 2017 年 2 月、4 月和 6 月形成了"复旦共识""天大行动"和"北京指南"。新工科建设是主动应对新一轮科技革命与产业变革的战略行动,是以新技术、新产业、新业态和新模式为特征的新经济要求,国家一系列重大战略实施的要求,产业转型升级和新旧动能转换的要求,以及提升国际竞争力和国家硬实力的要求。新工科建设呈现"五新"特征,即新结构、新质量、新理念、新体系和新模式,其内涵建设既包括传统工科的升级改造和学科交叉,又包括新兴工科的主动布局和创新发展。

纺织工业作为我国传统支柱产业和重要的民生产业,新时代又被赋予了"创造国际化新优势、科技和时尚融合、衣着消费与产业用并举"的新特征,呈现出"新技术、新产业、新业态、新模式"的态势,因此有必要根据本专业人才培养的现状,对"新工科"背景下纺织类专业人才培养体系进行探究,针对纺织工程专业开展新工科建设。

"针织学"课程[1-3]是面向纺织工程专业的必修课,主要介绍现代针织工程基本原理和基本方法,纬编(圆机、横机)与经编的基本组织及编织原理,全成形针织物的原理与编织工艺,产业、智能及新型针织产品的组织及编织原理[4-5]。通过本课程的理论和实践教学,使学生了解现代针织工程各工序的基本任务,现代针织工程新技术、新设备、新工艺等;使学生掌握针织物设计与设计研究必要的理论知识与实践技能。将工程教育专业认证的核心理念融入此课程的授课过程中,构建起学科交叉和产教融合的教育教学体系。

在新培养计划中教学时数大量缩减,如何有效利用课堂时间强化学习效率和效果成为难题;针织工艺的迅速丰富化,原有教学内容急需更新并与时代发展融合;实验室相应设备的老化问题。这些都是新形势下,"针织学"面临的改革项目。

1　课程介绍

"针织学"是一门理论与实践相结合、纺织工程技术与艺术相结合的课程[6-7],课程内容与现代新工科背景下的针织工艺、组织设计、智能制造密切相关,需要学生综合针织工艺、数学、力学、图案、色彩等知识。所以针织工艺、数学、力学、织物图案、色彩的综合应用

是本课程教学难点。

本课程的主要培养目标为：

（1）提升学生对针织物工艺综合知识的了解和掌握

①提升学生对针织物工艺综合知识的掌握，了解认知针织物的外观特点和设计方法、生产工艺；

②重点掌握纬编（圆机、横机）与经编的基本组织及编织原理，了解现代针织工程各工序的基本任务，了解现代针织工程新技术、新设备、新工艺等；

③重点掌握全成形针织物的原理与编织工艺，掌握针织产品工艺流程的制定及各工序生产工艺的确定方法；

④熟悉产业、智能及其他新型针织产品的组织及编织原理，了解针织工程前沿技术和发展趋势；熟悉新技术、新产品、新工艺、新设备研究开发的基本流程；

⑤掌握最新的新材料、新工艺、新技术、新设备等与针织物有关产品设计信息。

（2）提升学生专业能力

学生能独立检索相关针织物的专业资料和新技术、新工艺资讯；掌握针织物组织及编织工艺"工艺结合"的综合设计原理和设计方法；能准确分析针织物组织的特点。

（3）提升学生专业素质

学生具有美好的道德情操，强烈的社会责任感，独立的个性追求，勤于思考深入研究的习惯；具有较好的审美分析能力；较强的自主学习能力，在针织物新工艺、新技术上能主动探索和独立思考，理论与实践结合，艺术与科学技术结合，具有良好的产品设计、工艺技术与管理能力。

2　教学改革与实践

2.1　教学改革方法

浙江理工大学从1987年起开设针织专业，在国内处于领先地位。该专业历史悠久，是浙江理工大学传统特色课程之一。教学内容将艺术与工程相结合，理论和实践相结合，

融合针织方向新技术、新工艺、新应用，将科研成果等融合进入教学内容之中，采用"积极课堂"的互动教学模式，并充分发挥校外实习基地的作用，结合浙江省产业特色，为浙江的纺织业培养具有较强创新能力的针织设计人才。

OBE（outcome based education）也称能力导向、目标导向或需求导向教育，以预期学习产出为中心来组织、实施和评价教育的结构模式，其核心理念为"学生中心、产出导向、持续改进"，强调学生通过教育过程所获得的学习成果。学生所获得的理论知识、实践技能、解决问题的方式方法和创新思维都是学习成果。OBE要求教育者必须对学生毕业时应达到的能力有清楚的构想，根据培养目标"反向设计"教育活动，保证学生达到预期目标。

为了使学生深入全面地理解课程内容，在教学过程中采用理论教学和实践教学相结合的模式，在学生对工艺技术基础原理有了初步了解之后，通过参观实验室或工厂等直观体验加深对理论知识的理解；同时，将科研成果融入教学内容中，使学生进一步了解工艺技术背后的科学原理，了解科学知识如何创造生产力。

为了让学生理解和掌握针织物设计的组织和编织方法，在教学过程中采用理论教学为基础，结合设计实例分析实践的方法。根据针织面料的发展和新技术、新工艺趋势，从市场、贸易公司、网络中提取最新针织组织及编织信息，介绍针织新技术的针织物图案、色彩、组织、密度、纤度等工艺参数，来调动学生积极参与的学习主观能动性，培养学生的实际设计能力、创新精神以及对针织物新工艺、新技术研究的能力。在教学方式方法上采用现代网络化教学手段和PPT、视频等多媒体教学相结合，教学产品分析与实习基地企业挂钩的教学方法是非常重要的。通过设计实例教学和分析实践，使课程的理论教学与生产实践密切联系，教师易教、学生爱学，与针织行业需求联动，取得良好的教学效果。

2.2 教学改革方案

"针织学"课程由8位专业课教师组成项目组,主要改革方案包括:优化教师队伍、优化课程设计、丰富课程教学资源、改革方法、改革考核方式五个方面,有关具体内容如下。

2.2.1 优化教师队伍

教师在教学中发挥着重要的引导作用,教师的专业知识、教学风格等对教学质量有着重大影响。要搞好优质课程建设,深化教学改革,其关键是要有一支高水平的师资队伍,形成比较稳定、团结、结构合理、有发展潜力的教学梯队。团队成员在针织学科领域各有所长,具有合理的知识梯队。

本课程项目组成员的年龄在30~56岁,具有很好的年龄层次和知识结构、理论基础和实践经验。但由于此课程涉及的知识面与工程实践面较广,需要多位教师的相互配合将各个方面的知识有机融合,以此来提升教学效果。为此,在本课程教学队伍的优化方面,开展以下工作:

(1)提高教师自身素质,加强教师的业务水平,每位教师始终关注针织新技术与新产品发展前沿,向专业知识的纵向与横向发展;

(2)制定完善的青年教师培养措施,每位青年教师均安排老教师作为指导教师,指导和培养青年教师的敬业精神,提高教学水平和业务能力;

(3)健全课题组的运行机制和激励机制,加强课题组成员之间的学习和交流,组织互相听课,并开展教学主题教研活动,促进团队结构的完善和水平的提高。

总之,在课程建设过程中,加强对青年教师的培养,加强教学活动,通过相互听课和经验交流,提高课程的整体教学质量和团队成员的整体教学水平。

2.2.2 优化课程设计

作为一门面向纺织工程专业学生的专业课,"针织学"存在学时少,教学内容多、广且新等诸多问题。如何在有限的学时内,将数量巨大且种类繁多的针织技术、织物组织结构、针织面料及其产业应用、功能性与智能性产品等相关知识传授给学生是迫切需要解决的问题。要解决此问题,需要教师建立完整的课程体系结构,对课程内容进行深入把握和优化设计,并在授课过程中采用合适的教学手段和方式。

(1)课程教学体系改革

传统的"针织学"课程教学体系通常分为两部分:一是对针织编织工艺进行讲解;二是对织物组织结构进行分类讲解。本课程在结合以上两点的基础上,将课程教学体系结构进行重新融合,将在对针织技术/设备(如经编机、纬编机与电脑横机)进行讲解的同时介绍其编织原理与其织物组织结构。同时对课程教学体系进行拓展与完善,讲解最新的针织技术与设备(如全成型设备与技术)、最新的产业用针织品以及功能与智能针织品。以"设备—技术—织物组织结构—面料/产品"为主线,以"编织原理—织物组织设计与结构特点—产品特点与应用"为知识脉络循序渐进开展教学工作。对于最新针织技术以及产业用与智能针织品部分教学内容相对比较独立,可以灵活掌握学习顺序。

在课程教材的基础上,增加配套针织物组织结构教材、针织新技术视频、新技术和新产品信息、知名院校和企业网站、相关研究文献等。

在课程教学中,采用多媒体教学,结合录像、动画、照片与实物,加强学生对于知识点的直观认识,提高学生的理解力和想象力。

(2)注意求新、创新

"针织学"教学需要不断创新来适应新的形势和科学的进步。课题组成员不间断地学习,阅读与本专业有关的文献,参加学术活动,积极参加科研和教学研究工作,随时了解本学科发展动向,掌握最新成果,归纳整理。以便于在授课时,将最新的领域前沿动态介绍给学生,引导学生随时注意这些新成果、新技术的发展,激发学生的学习兴趣,提高学生的自学能力。

(3)规范教学过程

建立课程教学实施方案,使用课程学习指导手册。为了能够有效提高课程教学质量与效果,切实实现本项目的建设目标,建立详细的课程教学实施方案并使用课程学习指导手册,以保证教学过程的顺利进行。课程教学实施方案主要包括以六个部分:

①授课文件准备。用于教学的讲义/试题库/教学文件的制订与完善是本环节的重要内容,包括教学课件、大纲、习题库、试题库和教学讲义等,用于规范课程的理论课和讨论课环节。

②课堂授课实施。本课程合计 48 学时,分 16 周完成,由八位老师分成三组负责授课,每位老师负责 15 学时内容,保证作业的及时批改、答疑的充分进行以及与学生的无障碍沟通。

③课后作业及辅导。每章授课结束后,布置一定数量的课后习题供学生们巩固和提高。在超星学习通 APP 中为学生及时提供课后习题的标准答案,针对学生作业的普遍性错误进行集体答疑,对个别基础薄弱的学生进行个别辅导。

④实践课的设置。在授课进行到第五、十周时,安排学生到针织实验室进行实践课程的教学,让每位学生都能体验以及熟悉针织设备、针织编织工艺、针织面料及其产品。

⑤研究性论文的阅读。选择关于针织设备与产品领域最新的动态、报道、综述的文章 2~4 篇,推荐给学生作为课外阅读资料,并要求学生分组讨论,作为课外作业,纳入平时考核成绩中。

⑥课程考核。最终的课程考核成绩主要由两个部分组成,其中平时成绩占总成绩的40%,期终卷面成绩占总成绩的 60%。

2.2.3　丰富课程教学资源

"针织学"课程大部分教学内容很早就已经确定。如何把知识通过一个高效且适合学生的方式、方法传授给学生,同时拓展相关专业知识,与日新月异的新技术新产品相结合,始终是本课题组成员进行优质课程建设和改革的动力。在前期的教学过程中,课程组已经尝试了 PPT 课件、网络课程、案例教学、项目教学等教学方法,并取得了良好的教学效

果。在本项目中,将面向经济社会发展需求,瞄准学科专业发展前沿,依托现代信息技术,着眼于网络资源的有效应用等方面展开教学,包括:为学生提供国内外知名大学的针织学教学视频的有效链接,供学生学习参考。为学生介绍相关的权威性网站和数据库,以便于学生了解和掌握领域最新发展动态。建立超星学习通 APP 网络课程,及时为学生发布课后习题答案和授课 PPT,以便于学生复习和提高等。总之,本课题将以互联网为载体、课堂为平台、实验室教学与企业参观为辅助,充分利用互联网上的有效资源,丰富教学内容。

2.2.4　改革教学方法

由于"针织学"存在的内容多、课时少、实践性强等特点,可以通过改革教学方法,促进学生学习,激发学生学习潜力,拟采用理论教学与实践教学相结合、科学研究与教学相结合的教学模式。

在课程教学中强调学生的主体地位,以学生的实际学习效果作为课程教学的目标。通过课堂交流,加强学生的参与程度。通过合理设计课程作业,引导学生自主学习,通过作业汇报和阶段性考核,促进学生在整个课程学习阶段的参与度,教师则根据学生的反馈及时调整课程内容和教学方式。加强学生自主学习能力的培养,使学生课内外学习时间的比例达到1:2以上。

2.2.5　改革考核方式

完善学生学业评价方法,加大教学过程中学习效果的监控、考核和反馈,提出知识考核与能力考核相结合的考核方式,将平时发言和讨论情况、平时作业等作为平时成绩进行考核。计划平时成绩占考试总成绩的40%,期末考试成绩占总成绩的 60%,促使学生将只关注最终的成绩转向关注学习过程,促进学生对"针织学"基本理论与方法的掌握。合理设计考核方式,合理评价学生的知识水平和能力水平,并依据考核结果对课程的发展提供建设性意见。各部分比重分配见表1。

表1 各部分比重分配

成绩组成	平时成绩				期末成绩
	出勤	作业	讨论课	实践课	试卷
	10%	10%	10%	10%	60%

3 教学改革成效

（1）优化"针织学"课程教学团队

根据针织技术与产品知识的特点与发展趋势优化教师队伍，提高课程建设水平，促进教学团队结构的完善和水平的提高。同时，团队在课程建设过程中逐步成长，积累丰富的教学资源、经验、能力。

（2）建立更加丰富的课程在线教学资源

建设数字化网络教学资源，实现课程共享。更新和完善网络基础教学资源的建设，将根据最新技术和行业动态修改相关课程的电子教案、多媒体系统化课件，完成相关课程的教学视频的上传；更新和完善拓展辅助教学资源的建设，与课件相匹配的设计资料的上传；制作与课件相匹配的实际操作视频课件，更为直观有效地让学生们理解课程内容。

（3）课程建设适应新工科发展

本课程的建设，以学生为导向，以纺织新产业和新经济为目标，培养具有纺织工程创新思维及国际视野的知识、能力、素质并重的复合型高级工程技术人才。

参考文献

［1］ 高伟洪,刘玮,陆赟,等.针织学课程调研及其对分课堂设计[J].时尚设计与工程,2020(1):56-60.

［2］ 倪海燕,李永贵.产教融合背景下"针织学"课程教学改革探索与实践[J].纺织报告,2020(3):110-112.

［3］ 张佩华,沈为,蒋金华,等.基于工程能力培养的"针织学"课程教学改革与实践[J].纺织服装教育,2020,35(2):148-150.

［4］ 许兰杰,郭昕."针织学"课程在线教学模式改革初探[J].轻纺工业与技术,2018,47(10):63-65.

［5］ 刘玮,高伟洪,陈卓明."针织学实验"实践课程改革探讨[J].时尚设计与工程,2019(1):59-61.

［6］ 梅硕,李金超,何建新,等."针织学"课程教学改革探讨[J].纺织服装教育,2017,32(2):140-142.

［7］ 许兰杰,郭昕,王宇宏.高校"针织学"在线开放课程的建设与应用[J].轻纺工业与技术,2019,48(Z1):50-52.

"织物组织学"课程建设

曾芳梦,金子敏,范硕,屠乐希,鲁佳亮

浙江理工大学,纺织科学与工程学院(国际丝绸学院),杭州

摘　要:本文从"织物组织学"课程的内容和特点出发,结合浙江省一流本科课程建设背景和课程教学改革目标,介绍了"织物组织学"课程建设过程。通过课程建设,完善课程内容、提升课程品质、革新授课模式、打造有趣的思政示范课堂,有效激发学生学习兴趣,提高学生学习能动性,增强对基础理论知识的理解和掌握,在实际应用中举一反三、融会贯通,培养学生的思辨能力和创新思维。
关键词:织物组织学;课程建设;教学改革

"织物组织学"是普通高等学校纺织工程专业重要的专业必修课程,系统讲述各种织物组织的基础理论知识,是织物设计的基础,该课程在纺织工程专业建设和人才培养方案中发挥着至关重要的作用。经过多年建设与改革,"织物组织学"被评为校级精品课程,有效支撑了纺织工程专业培养目标的达成。通过教学改革,激发学生自主学习兴趣,调动学生的学习积极性,学生主动学习意识增强。在课堂教学中,对重难点内容精讲多练,在授课与练习之间找到平衡,提高学生综合分析问题的能力,不断强化学生对基本概念的理解与掌握,使学生对所学知识融会贯通。

基于浙江理工大学的办学理念与定位,培养具有独立思考能力,能够解决纺织工程领域实际织物组织问题的高水平专业人才。作为纺织专业的核心基础课程,"织物组织学"切实遵循"两性一度"金课标准,以学生为中心,建立"织物组织学"基本知识框架,开启学生内在潜力与学习动力,全面了解织物组织的重要知识点,建立从简单组织到复杂组织的知识脉络。基于此,学生将所学知识点进行串联,构建知识网络,遇到织物分析与设计问题时,能准确剖析问题核心,提出科学的解决方法和实施途径。

1 课程建设

自浙江理工大学纺织工程专业开设以来就开始设立"织物组织学"课程,是专业建设中最早开始设置的专业课之一。根据教学成果、教学资料的丰厚积淀与教学改革的逐步深入,随着教学手段、方法的持续更新,该课程教学时数从72学时已缩短为48学时,同时也将科学技术发展的新内容纳入课堂。经过长期的发展与建设,通过不断完善修订课程教学大纲与课程知识体系,并融入课程思政,该课程在教学体系、教学管理、教学方法、师资队伍建设、多媒体课件建设、教材建设和网站建设等方面取得很大进步,教学效果良好,受到学生欢迎。

1.1 课程与教学改革要解决的重点问题

"织物组织学"实践性较强,要求学生牢固掌握织物组织设计的能力。在新时代纺织"三创"人才培养的需求下,根据长期教学实践经验,梳理总结出前期课程教学中存在的重点问题:

(1)课程基础内容繁多、概念抽象,难以理解,学生易在学习过程中兴趣受挫、抓不住重点;

(2)课程以艺工结合为特色,如何对不同背景学生开展教学,充分挖掘并发挥他们的

工科优势或是艺术特点,也是课程与教学改革要研讨解决的问题;

(3)传统的教学方法不能满足人才培养的新要求和新理念。学生在学习时经常处于被动输入的状态,这不但与"以学生为本"的理念相悖,而且难以激发学生的学习兴趣。

1.2 课程内容与资源建设

"织物组织学"在教学过程中,强调知识的基础性和对后续专业课程的衔接作用。通过课程教学(含少量织物工艺参数分析性实验和设计及小样机上机实验教学),要求学生全面了解和掌握纺织品计算机辅助设计的原理,并通过上机操作学习纺织品计算机辅助设计的方法,具备利用计算机辅助设计系统进行织物组织设计和进行素织物、花织物的辅助设计的能力,为进一步学习其他专业课程打下坚实的基础。

课程资源包括:课程教材(含光盘)、参考书目、课程讲义、多媒体教学课件、习题集、试卷库等。同时注重实践性教学资源建设,建立了织物试样实验室,有机械多臂试样机15台,电子剑杆多臂试样机2台;建立织物综合分析实验室;建立纺织品CAD实验室;并且在企业建立了实习基地。定期带学生参观现代化纺织工厂,参加专业展览会、流行发布会,触发学生主动性,让学生自觉关注现代纺织的发展方向和流行趋势,从而加深所学知识、拓宽知识面,增强自学能力,及时了解本行业动态,取得良好效果。

1.3 教学内容及组织实施

课程教学内容主要由理论知识学习和实验教学组成,其中理论性教学主要分为八个知识单元:织物及织物组织的概念,原组织,变化组织,联合组织,重组织,双层组织,起绒组织,纱罗组织。实验教学主要有两个项目:织物分析和上机试织。在教学过程中,使用与组织相对应的实物面料辅助教学,增加学生对织物组织的感性认识,加深了解。同时,本课程需作大量组织图、上机图,在课堂上采用边讲边练、精讲多练、以练为主的方式,留出足够时间让学生自己动手练习。并且安排

相应习题课,培养学生分析和解决问题的基本能力,以巩固所学知识的题目和部分疑难作业题目为主。

1.4 成绩评定方式

改变传统的考核方式,构建合理的教学过程评价体系,注重学生学习态度、课堂教学过程中的参与度、平时作业等,杜绝"一考定成绩"的弊端。在最后的课程评估中,结合学生课后作业、课堂讨论及课程集中考试综合情况给出最终的结果,形成多元化、全过程的考核评价机制。

1.5 教学改革实施方案

该课程将继续强化"艺工结合"的教育理念,采用OBE教学新模式,全面推进课程内容及授课方式等方面的建设与改革,全面培养新工科背景下的复合型纺织新人。

(1)完善课程内容建设,提升课程品质

为适应现代化建设进程及课程建设改革,不断革新课程理论与实践教学课程体系,修订课程大纲和考试大纲,全面服务于复合型纺织新人的培育。

①理论教学。深化新时代纺织课堂文化内涵。首先,导入"国礼"概念,初步建立学生的专业好奇心。随后,在理论教学中融入现代纺织特色,结合翻转课堂将传统纺织知识与现代科技相融合,树立坚定的专业自信心;同时让同学沉浸式体验作为大国工匠承载的历史使命。

②实践教学。通过翻转课堂,让同学实现主动学习、主导学习,积极引导学生在现代科技与传统文化中寻求属于自己的碰撞点,引导学生主动思考,将碰撞点深化为深层次的设计灵感。采用小组和个人相结合方式,合作分工,进行素织物小样设计制作,在此过程中进一步培养学生的团队协作能。

③课后自主学习。校院图书馆对学生开放借阅图书资料,面料市场及丝绸产品市场实地调研,要求学生自主学习,有利于学生的个性发展以及思维开拓。

(2)革新课程授课模式,打造有趣的思政示范课堂

在课堂中增设大量的自主学习环节，紧跟新工科发展新形势，引入"国礼"相关知识，注重多学科交叉融合。理论与实践相结合，传统工艺与科技创新相结合，培养学生独立思考及创新能力，培育学生树立强烈的大国工匠精神。首先，以课堂教学的形式，带领同学体会多种纺织产品的工艺、艺术及时代价值；随后，鼓励学生深入纺织市场进行实地调研，切实探索新时代背景下，机织物产品的发展走向；最终，再次回归课堂，引导学生将所见所闻转化为本节课所需的创作灵感，并指导相关技艺学习，与同学一起完成小样制作。

2　课程特色与创新

纺织科学与工程一直是浙江理工大学的优势学科，纺织工程是该校国家特色专业，纺织工程(纺织品设计)专业自 1979 年创立以来，采用艺工结合进行人才培养，办学特色显著[1]。"织物组织学"是纺织工程(纺织品设计)专业学生的专业必修课，教学内容织物组织与结构铺展开，梳理了知识结构以及与纺织品设计专业后续课程的衔接关系。优化设计了教学体系，打造了不遗漏知识、不重复教学的纺织品设计专业课程教学内容体系。强化课程思政，深研教材，挖掘课程思政与教学内容的结合点。

以机织物的历史演变及国礼作为切入点，使学生全面了解纺织学科在中华上下五千年中的历史积淀，初步建立学生的专业好奇心。随后，将理论与实践相结合，在理论教学中融入现代纺织特色，结合翻转课堂将传统纺织知识与现代科技相融合，树立坚定的专业自信心。在实践教学环节，引入大量的设计、材料等多学科知识，促使学生对理论知识点实现快速内化，提升学生的动手能力，培养学生独立的分析思考、推测演算及创新意识，以及精益求精的大国工匠精神，全面提升学生的职业自豪感和职业道德。

3　结语

在新形势下，将遵循国家一流本科课程建设目标，从教学内容和方法、考试方法改革、教学团队、线上教学资源等多方面加强课程建设，不断持续改进。将"织物组织学"课程建设成为特色鲜明、教学效果良好、教学成果显著的一流课程，使课程目标能够有效地支撑专业培养目标的达成。

参考文献

[1]　周赳, 龚素璱. "积极课堂"教学模式改革研究与实践:以"纺织品设计学"课程为例[J]. 浙江理工大学学报(社会科学版), 2019, 42 (5): 578-584.

面向新时代纺织品设计人才培养的"纹织学"课程教学改革与实践

王其才,金子敏,鲁佳亮,洪兴华,范硕,屠乐希

浙江理工大学,纺织科学与工程学院(国际丝绸学院),杭州

摘　要:为培养学生的实践能力,培养新时代纺织人才,以新工科的教育理念和专业认证培养目标体系为依据,同时为了提高纺织品设计人才的培养水平,近年来,依托纺织工程、丝绸设计与工程国家级一流本科专业建设点,浙江理工大学纺织科学与工程学院(国际丝绸学院)纺织品(丝绸)设计系"纹织学"课程教学团队,围绕本课程进行了系列改革创新与实践,取得了显著成效。

关键词:纹织学;教学改革;纺织品设计;人才培养;丝绸设计

中国纺织历史悠久,工艺精湛,民族文化内涵属性强烈,是纺织工业把织造工艺、文化、艺术紧密结合的典范[1-2],是纺织设计的瑰宝。数千年的纺织发展,通过丝绸之路使中华民族文化与世界文化广泛交融,使中国成为世界服饰文化的重要产业核心[3],提花织物在其中起到了举足轻重的作用,如中国三大名锦,蜀锦、宋锦、云锦都是提花织物的杰出代表[4-5],所以全国纺织类高校都开设了相关的专业课程进行专业知识的传授[6-7]。作为纺织品设计方向的核心课程,"纹织学"在培养纺织品设计人才中具有重要的作用[8-9],为了适应新时代对纺织品设计人才的多元化要求,培养能创新、有创意、会创业的"三创"人才[10-11],浙江理工大学纺织科学与工程学院(国际丝绸学院)纺织品(丝绸)设计系"纹织学"课程教学团队,围绕"纹织学"课程进行了系列改革创新与实践,取得了显著成效。

1　"纹织学"课程教学目标

"纹织学"课程是纺织工程国家级一流本科专业纺织品设计方向的专业核心必修课,同样是国家级一流本科专业、浙江理工大学最具优势特色专业之一的丝绸设计与工程专业学生的专业核心必修课。

(1)知识目标

通过本课程的学习,使学生掌握提花机的工作原理、装造,掌握纹织工艺、纹板处理,掌握单层纹织物、重纬纹织物、重经纹织物、双层纹织物、毛巾纹织物的纹织工艺方法,包括产品规格、意匠处理、组织处理、纹板处理等。

(2)能力目标

学生应能综合、灵活运用提花机装造;能熟练运用各种类型纹织物的纹织工艺处理;能熟练掌握各种类型纹织物的翻样处理能力,计算各类提花产品意匠规格,处理纹织工艺。

(3)素质目标

通过本课程的学习,应注意培养学生独立设计思考的能力。

2　"纹织学"课程改革实践

2.1　课程内容建设

教学团队对本课程的教学内容进行了梳理,课程内容主要分为三部分。第一部分为纹织物概述和提花机装造相关基础知识,主要讲授纹织物基本概念、纹织物设计基本流

程、提花机工作原理以及提花机装造等,要求学生掌握纹织物设计工作流程、各类提花机组成和工作原理以及提花机装造方法;第二部分为意匠绘画和纹板处理,要求学生掌握纹织物意匠绘画的原理和纹板文件的制作步骤和基本方法;第三部分为纹织物种类和相关案例综合分析,主要讲授不同纹织物种类的设计和纹制工艺特点,并结合实际纹织物案例和织物分析实践,详细讲解其织物规格和纹制工艺,要求学生能够运用基本理论知识对不同纹织物进行合理的工艺设计。

2.2　课程资源建设

（1）教材资源

本课程教研室一直重视教材的编撰,先后组织编写了纹织学经典教材《织物组织与纹织学(上、下册)》(中国纺织出版社,1997年4月出版)、《提花织物的设计与工艺》(中国纺织出版社,2003年3月出版)等。

（2）教学实验室资源

学院有大针数电子式提花织机以及丰富的提花面料样品,供本课程实验教学使用。

（3）丝绸博物馆和图书馆资源

校内建有丝绸博物馆(馆内有传统大花楼织机、电子式提花机以及丰富的提花织物),图书馆建有浙江省最大的纺织服装数字化资源库,供学生进行课内和课外学习。

（4）实践基地

中国丝绸博物馆、浙江嘉欣丝绸集团、达利丝绸(浙江)有限公司、杭州万事利丝绸科技有限公司、史陶比尔(杭州)精密机械电子有限公司等,供学生进行参观学习。

2.3　课程教学内容及组织实施

鉴于本课程理论和实践相结合的特点,本课程的教学也分为理论教学和实验教学两部分,具体教学内容和组织实施情况见表1。

教学组织实施方面:一是采用启发式、讨论式等多种行之有效的教学方法,加强师生之间、学生之间的交流,引导学生独立思考,强化科学思维的训练;二是恰当运用多媒体的辅助手段,结合实际提花机样品、单层、重纬、重经、双层、起绒、毛巾、纱罗等提花织物

来辅助教学;三是利用课内和课外时间布置一些讨论题目,借助讨论课,让学生充分参与讨论,加强师生之间、学生之间的交流,调动学生学习的积极性。在实际教学中,教师可以根据实际教学情况安排或调整讨论课内容。

表1　"纹织学"教学内容和组织实施情况

序号	教学内容	理论学时	习题课学时	实验学时
知识单元1	纹织概述	2		
知识单元2	提花机装造	8	1	2
知识单元3	意匠图绘画与纹板处理	6		
知识单元4	单层纹织物	4		
知识单元5	重纬纹织物	6	1	2
知识单元6	重经纹织物	5		1
知识单元7	双层纹织物	6		1
知识单元8	毛巾纹织物	3		
总计	—	40	2	6

2.4　课程评价及改革成效

近五年,"纹织学"课程学生成绩较好,说明学生们对课程知识的掌握程度较高,形成了较好的教学效果。近五年,"纹织学"课程学评教均为优秀,说明学生对本课程的内容、组织和实施方式等较为满意。"一堂走进博物馆的纹织学"入选学校思政教学案例,"融入织锦文化的'纹织学'课程思政教学实践"获得了浙江省高等学校课程思政教学研究项目立项支持。

3　下一步的改革举措

持续分析课程教学中存在的问题,本课程教学改革下一步需要解决的重点问题主要有以下几个方面:第一,通过合适的课程教学设计来活跃课堂气氛、提高纹织学教学质量,培养学生的学习兴趣;第二,凝练特色纺织文化的思政育人元素,并贯穿纹织学课程的教

学过程,培养学生的人文素养和家国情怀;第三,将纺织企业现实的创新需求与纹织物设计实践结合,培养学生的设计思想和创新能力。根据存在的问题,接下来,该课程将继续推进课程内容、授课方式和授课空间等方面的建设与改革。

(1)改进和完善课程知识体系、教学方法和模式,规范课程教学过程管理,合理改革考核制度,形成更为成熟的教学内容和组织形式,提升课程品质。通过掌握各类纹织物设计原理、装造设计、纹样要求、意匠绘画、编制纹板轧法说明等知识,将织锦文化、非遗技艺等为载体的纺织丝绸传统文化和技艺引入课堂,培养学生的分析、仿制、改进原有纹织物的能力,提升学生的"产品意识"。

(2)进一步加强线下实践基地建设,使学生能够更好地掌握纹织物设计原理,感受和传承工匠精神,提升创新精神和实践能力。

(3)带领学生参与和课程相关的国内外学术报告、参观国际展览等,了解国内外产业发展动态,拓展学生国际化视野。

(4)注重青年教师的培养,加强教学团队建设,定期开展教学质量评价,吸取优秀的教学经验,持续改进教学方法,保证课程高质量发展。

(5)继续将课程思政内容嵌入"纹织学"理论和实践教学过程中,进一步做好思政元素与教学内容的顺畅衔接。将织锦文化、非遗技艺等为载体的纺织丝绸传统文化和技艺引进课堂,与授课内容紧密结合,形成以"文化进课堂,学生出课堂"为导向的课程思政教育体系。在培养学生扎实基础理论和设计能力的同时,通过多样灵活的模式,如博物馆现场教学等以润物无声的方式,将传统织锦文化融入教学,增强学生的政治、思想和文化认同,内化社会主义核心价值体系,最终转化为爱国爱党爱社会主义的实际行动。

参考文献

[1] 唐彤彤. 纺织类专业"艺工结合"培养复合型人才的教改探索[J]. 轻纺工业与技术, 2022,51(1):132-134.

[2] 缪旭红,蒋高明,吴志明. 艺工结合创新型人才培养模式的探索与实践[J]. 纺织教育, 2011,26(3):201-203.

[3] 崔舜婷,侯东昱."一带一路"背景下纺织服装贸易的交流与发展[J]. 染整技术,2017, 39(2):57-60.

[4] 周赳. 中国古代三大名锦的品种梳理及美学特征分析[J]. 丝绸,2018,55(4):93-105.

[5] 缪浩,王国和. 三大名锦的分析研究与宋锦的创新设计[J]. 现代丝绸科学与技术, 2016,31(6):201-204,207.

[6] 汪阳子. 国内外纺织品设计专业人才培养模式研究与分析[J]. 浙江理工大学学报(社会科学版),2018,40(1):72-79.

[7] 荆妙蕾,王建坤,张毅. 高校纺织品设计专业方向建设的研究与实践[J]. 纺织服装教育,2014,29(2):109-111.

[8] 王健. ARCS模型在"纹织学"课程教学中的应用[J]. 科技信息,2009(35):994-995.

[9] 张森林,姜位洪. 纹织CAD技术的应用及其发展方向[J]. 纺织学报,2004(3):126-129,6.

[10] 陈文兴. 高校"三创"人才培养体系的构建与实践[J]. 中国大学教学,2022(3):17-24,2.

[11] 陈文兴. 跨界与融合:地方高校"三创合一"培养"三创"人才的理论逻辑与实践路径[J]. 国家教育行政学院学报,2021(4):34-40.

新时代思政教育在"织物纹织学"课程中的探索与实践

张兆发[1],张盼[2],田伟[1]

1. 浙江理工大学,纺织科学与工程学院(国际丝绸学院),杭州
2. 浙江理工大学,科技与技术学院,绍兴

摘 要:为进一步深化"织物纹织学"课程思政教学改革,从课程的专业属性出发,探究教学内容设计与思政元素的契合点,全面提升思政教育与课程内容的融合度。从专业课程、纺织历史、典型人物、地域经济发展和社会实践等方面,挖掘专业知识中蕴含的德育元素,不断提升课程中传统文化、文化自信、工匠精神、实践结合、专业自信度等思政元素,实现专业知识和德育教育的深度融合,培养符合新时代要求的全面发展的纺织专业人才。

关键词:课程思政;织物纹织学;教学改革;实施方法

在新时代背景下,将思政教育与专业知识有机结合,持续培养专业能力过硬、德才兼备的专业人才,为我国向第二个百年奋斗目标征程中持续输入专业人才,这将是大学教育的重中之重。习近平总书记在全国高校思想政治工作会议上强调,高校思想政治工作关系高校培养什么样的人、如何培养人以及为谁培养人这个根本问题。要坚持把立德树人作为中心环节,把思想政治工作贯穿教育教学全过程,实现全程育人、全方位育人[1]。2019 年,教育部进一步要求,落实立德树人根本任务,把立德树人成效作为检验高校一切工作的根本标准,深入挖掘各类课程和教学方式中蕴含的思想政治教育元素,建设适应新时代要求的一流本科课程[2]。将纺织专业教育与思政教育高度融合,是新时代背景下的客观要求,更是提升学生专业素养以及成长成才的重要举措。采用"课程承载思政,思政寓于课程"的育人理念和教学目标,深入研究织物纹织学课程中蕴含的思政资源,构建价值塑造、知识传授和能力培养三者融为一体的教学目标,在课程教学和教育教学全过程中实现思政教育。将思政内容与专业内容相契合,显性教育和隐性教育有机统一,助力学生在理论知识、专业素养、思想政治、文化水平等全面发展,培育德才兼备的高素质专业人才。

纺织工程专业是浙江省重点专业,所属学科为浙江省重中之重学科,并列为国家特色专业,是浙江理工大学最具特色的高就业率专业之一。"织物纹织学"是我校纺织工程专业的核心课程之一[3],将思政元素融入课程全过程,为培养现代纺织专业知识复合、能力复合的高级纺织人才奠定基础。

1 课程思政改革的教学思路

"织物纹织学"课程思政改革的设计理念是以习近平新时代中国特色社会主义思想为根本,以立德树人为核心,将德育贯穿教育教学的全过程,培养德才兼备、全面发展的新时代专业人才。

教学活动形式多样化。依据现代纺织行业发展水平,以及从事纺织类工作任务所需的知识、能力、素质等要求和职业资格标准,设计课程结构和内容;找到课程知识点和思政的融合点,坚持"课程承载思政,思政寓于课程"理念与目标,推行案例教学、小组讨论、

视频学习、线下参观、实践课程等多样化的教学形式。

教学资源内容丰富化。教学资源的表现形式要多样化，课程、知识点、模块、素材、微课、案例、视频、机械设备、样品展示等都是资源。以方便教师自主搭建课程，使课程内容更加丰富，教学形式更加灵活，学生不仅学习到了理论知识点，还能在学习过程中锻炼学生协作能力、交流能力，提升学生的专业水平和综合素质。

2　课程思政改革的实施方法

"织物纹织学"的教学内容中包含了丰富的思政内容，作为教师应深入挖掘，将我国悠久辉煌的纺织历史、丝绸文化，名人楷模的示范作用，课堂与实践的结合，浙江纺织的优势等思政元素与课堂内容巧妙结合，在潜移默化的教学全过程中提升学生的综合素养。

2.1　结合纺织历史，弘扬传统文化

授课时在讲授关于提花机的知识点时，可以引入一系列的思政元素。为了让学生充分理解提花机的发展历史，可以播放织机发展历史短片，既学习了专业知识，又宣传了中国传统文化。2012年，成都老官山汉墓出土了4部蜀锦提花织机模型，是我国首次发现西汉时期的织机模型[4]。中国商周时期出现提花织机，汉代发展成复杂精密的提花机，后经唐、宋几代的不断改进提高，更加完善并定型。南宋楼璹绘的《耕织图》上绘有一部大型提花机，是世界上目前所见最早的提花机图像。另外，展现我国对织机发展的贡献，对推动纺织行业发展的重要作用，引发学生的学习兴趣，提高授课的效率。组织学生参观丝绸博物馆，亲身感受宋锦的魅力，宋锦纹样具有古朴、淡雅的艺术形式，浓郁的民族特点[5]，表现了人们当时的精神状态与社会形态，表现了人民对美好生活的向往与热爱。借助于纺织历史视频，既学习了提花织机的演进过程，又利于讲解提花织机的工作原理，还学习我国悠久辉煌的纺织历史，弘扬我国

的传统文化，增强学生的爱国情怀和民族自信心。通过课堂理论学习和参观学习相结合，在学习专业知识的同时，增强学生的文化自信。

2.2　融入名人典故，宣传工匠精神

授课中可加入纹织学相关的历史事件或者知名人物，讲名人故事，宣纹织典型。例如，织锦艺术巨匠都锦生（1897—1943），创立了都锦生丝织画，开办了杭州都锦生丝织厂，为杭州打造出一个具有国际影响力的品牌，在西湖边树起一面"技术加艺术"的大旗。如今杭州"特产"都锦生丝绸，作为G20杭州峰会的国礼，以"水墨、西湖十景"等为创作元素，为全世界呈现了一次别样的"中国礼，杭州味"。通过名人事迹，展现提花织物在我国重要活动中的作用，展现都锦生的工匠精神，激发学生对"织物纹织学"的学习兴趣，培养学生勇于探索创新、吃苦耐劳的精神等。名人典故和工匠精神的融入对学生的思想会产生潜移默化的影响。

2.3　借助观摩实践，做到知行统一

课程观摩体验主要是将课堂所学的理论知识与提花织机的实际运行情况相结合，做到学以致用。培养学生的理论联系实际的能力，这时的思政元素不是单一的点，是一种思维习惯、优秀的品质。采取课堂教学与观摩学习一体化教学模式，学生的学习过程是一个接受任务、执行任务、完成任务的过程。例如老师带领学生，通过参观织机并进行现场讲解，给学生提供实际观摩学习的机会，进一步加深课堂知识点的理解程度。随着现代化生产对纹织物花纹复杂性和织造速度要求的不断提升，电子提花机已经成为提花织物的主力，更为丝绸行业的发展注入了新的生命力。授课时可以通过对比式讲解，例如，传统机械提花织机与电子提花织机的原理，以及传统样卡和电子样卡的不同与共同之处，让学生体会传统织机与现代织机的碰撞，让学生抓住专业知识点的根本[6]。另外，课堂进行样品实物展示，例如，提供提花贡缎、华塔夫、黑白镜像织物的实物展示与分析，与课堂

内容讲解相结合,理论与实践相结合,并以小组学习的方式强化学生对知识点的理解,培养学生的团队协作精神。通过现场教学和典型案例及实物分析,学生将理论与实际结合起来,加深了对提花机织工序、原理和实际运行情况的认识。

2.4　突出浙江纺织优势,增强专业自信

纺织产业是浙江省传统优势产业,也是浙江省着力打造的标志性产业链和世界级先进制造业集群。浙江已形成由化学纤维、纺织印染和服装家纺等产品生产织造以及纺织专用装备组成的完整纺织产业链。近年来,浙江省对纺织产业也越来越重视,对纺织行业人才的需求也越来越趋向于专业化。可以通过萧山化纤、柯桥纺织、海曙服装、海宁经编、桐乡毛衫、临平家纺、诸暨袜艺等的纺织特色集群的介绍,让纺织专业学生了解纺织行业和浙江纺织的优势。另外,纺织产业作为绍兴地区的支柱产业之一,给这个城市带来了丰厚的经济利益,无数纺织人通过纺织实现自己的人生价值。课程中通过具体数据和身边事例,告诉学生纺织产业是一个有重大发展前途的产业,增强学生的专业自信。

2.5　加强理论知识,提升专业素养

"打铁还需自身硬",高校教师作为人类灵魂的工程师,要优先提升自身的专业素养。习近平总书记在高校思政会议上对教师职业作解读和要求,教师作为传道者,自己首先要明道和信道。也就是说,高校教师要做中国特色社会主义事业的坚定支持者和建设者,坚持用先进思想文化武装头脑,加强师德师风建设,做到教书与育人、言传与身教、潜心问道与关注社会的统一。纺织专业老师也应学习思想政治理论知识,学习习近平新时代中国特色社会主义思想、社会主义核心价值观、党的二十大精神、中华优秀传统文化等,为课堂教学积累丰富的思政元素[7],从而使课程思政建设、教案设计、课件思政元素更贴近实际、贴近生活、贴近学生。由此,"织物纹织学"的教师须担起自身责任,在课堂上既传授专业知识,又进行价值引导,认真贯彻落实课程思政改革的理念,成为更多学生的引路人。

3　结语

结合"织物纹织学"课程专业的特点、思维方法和价值理念,科学系统地设计好课程思政的切入点和融合点,采取灵活多样的教学方式方法,培养师生课程思政的共鸣。在课程思政教育教学改革过程中,教师需要深挖"织物纹织学"课程和教学方式中蕴含的思政教育资源,将纺织历史、传统文化、名人事迹、工匠精神、观摩实践和浙江纺织优势等相结合,做到全流程、主动地将思政元素融入专业课程教学中。在新时代下,用心挖掘出更多的思政元素,并及时将这些元素进行整理,融入教学计划、教材选用、实验、课堂授课的方方面面,让学生在加强专业知识的同时,提升自己的综合素质,培养出符合新时代要求的全方面发展的纺织专业人才。

致谢

本论文为浙江省自然科学基金委公益技术研究计划"石墨烯纤维形变传感的形成与调控"项目(Q21E0300046)的部分成果。

参考文献

[1]　习近平. 在全国高校思想政治工作会议上的讲话[N].人民日报,2016-12-09(1).

[2]　教育部. 教育部关于一流本科课程建设的实施意见[EB/OL].教高[2019]8号.2019-10-30.

[3]　翁越飞. 提花织物的设计与工艺[M].北京:中国纺织出版社,2003.

[4]　龙博,赵丰. 中国古代早期提花织机的核心:多综提花装置[J].丝绸,2020,57(7):72-77.

[5]　任怡芸,宋晓霞. 宋锦织造技艺和纹样风格的解析与创新应用[J].浙江纺织服装技术学院学报,2022,3(1):40-46.

[6] 郁兰,王慧玲. 大提花织物分析与设计[M]. 北京:化学工业出版社,2014.

[7] 庞庆泉,李悦,赵云,等. 专业课教师实施课程思政的价值、优势与路径[J]. 高教学刊,2021,7(19):57-60.

"纹织学"课程思政教学实践

鲁佳亮,苏淼,金子敏,王其才,屠乐希

浙江理工大学,纺织科学与工程学院(国际丝绸学院),杭州

摘 要:本文结合"纹织学"课堂教学设计案例,阐述了课程融合思政教育的意义、方法,对工程类课程融入思政教学进行了合理的探讨,形成了以"文化进课堂,学生出课堂"为导向的课程思政教育体系。

关键词:思政教学;纹织学;课堂改革;织锦;文化

"纹织学"是纺织工程、丝绸设计与工程专业一门专业基础必修课,内容包括纹织物的分类、特点及提花机的工作原理;纹织物的规格、装造、纹样、意匠、纹板处理等纹制工艺方面的基本知识;各类纹织物设计原理,分析方法,装造设计、纹样要求、意匠绘画、编制纹板轧法说明等知识,为学生产品设计课程及毕业设计提供必要的基础理论和设计能力。

作为纯工科类的课程,在互联网技术日新月异的新媒体时代,如何创新高校思政教育的方式,注重学生人文素养和家国情怀的熏陶,培养学生职业道德、爱国情操、文化自信,对教学提出了更高的要求。

1 课程融入思政元素的思考与选择

"纹织学"课程主要讲授大提花产品设计的原理,在现实中用大提花工艺表达最多的是各种华美的织锦。课程内容与传统织锦文化、非遗技艺等息息相关,适合习近平主席强调的"把思想政治工作贯穿教育教学全过程"的课程思政建设。

织锦是在中国传统织造技术发展过程中凝练出来的集大成者,是以真丝、人造丝等为主要原料的多重多彩织锦[1],在不同民族、不同地域的人们数千年生活创造的过程中,呈现了多种多样的风格,如南京的云锦、浙江的杭州织锦、四川的蜀锦、苏州的宋锦、广西的壮锦、湖南的土家锦、云南的傣锦、贵州的苗锦、海南的黎锦等。数千年的演变发展过程中,中国的织锦由最初作为布料的存在,成为中国工艺美术珍宝中一个美丽的门类。"南京云锦木机妆花手工织造技艺""杭州织锦技艺""宋锦织造技艺""蜀锦织造技艺""壮族织锦技艺""土家族织锦技艺""鲁锦织造技艺""侗锦织造技艺""苗族织锦技艺"等都成功列入国家级非物质文化遗产项目。

将织锦的文化与纹织学课程联系起来,融入课程教学改革,符合专业知识不突兀,既能弘扬本土文化,又凸显专业特色,同时使织锦文化更加广泛与深刻地渗透到中青年人群中,对于继承和弘扬中华民族优秀文化传统,构建中华优秀传统文化传承体系,具有重要意义,是课堂教学探索中一个很好的研究方向。

"纹织学"专业课程的思政在涉及课程设计、专业教师的政治素养与思政教育能力、专业课程思政与思政理论课的关系等方面都需要建设和改革,课程建设需从学科理论、要素和结构、课程思政体系的衔接与系统整合等着手,既要在整体规划上有方向性指导,又要抓住课程思政实施中的关键点,将课程从课堂内延伸到课外,构建课程新范式。

1.1 删选、提取课程思政衔接点,结合课程知识点进行恰当的思政教学

"纹织学"课程教学内容主要涉及提花织物机器装备原理及各种产品类型的设计原理与实例介绍,特别是产品实例,适合思政教学的点

进行知识扩展,可以通过人物、历史等真实案例,将人生观、价值观等融入教学。如单层织物中黑白像锦章节,以都锦生产品为例,可以融入都锦生先生开发新产品和国际获奖的故事,引导学生爱岗敬业、刻苦钻研的探索精神。

1.2 灵活授课形式、场地与教学方法,增加网络、互动等教学环节

"纹织学"课程因课程内容限制,目前以理论教学、板书、PPT教学为主,课程进一步加强课程线上建设,应用更灵活多样的授课形式,如课程讨论、博物馆现场教学、课堂回应式教学、视频素材拓展等,应用好网络和线上平台资源。如重纬产品讲解织锦缎、古香缎产品时,可以增加视频,介绍织锦缎的发展历史以及古香缎产品的创汇故事,引出产品创新的价值。既活跃课程,增加知识点丰富性,同时兼顾思政教学。

2 课程思政融入教学的课堂实践

"纹织学"课程思政教学实践从织锦文化的考察学习开始,通过对浙江周边相关织锦项目的考察,筛选与课程可以紧密结合的文化,研究与课程教学大纲所需的教学目的、内容衔接、实现的可行性,设计合理的教学项目。

以"纹织学"第四章第三节单层纹织物——黑白像锦织物的教学实践为例[2],此章节的重点难点是织物组织表现像锦织物黑白色彩层级过渡的纹织工艺设计。浙江理工大学校丝绸博物馆中有近现代的织锦画展品、都锦生丝织厂的视频、提花织机、非遗技术展示等,适合"纹织学"课程的现场教学,本学期又恰逢博物馆"东方艺术之花——中国百年织锦画精品展暨杭州丝绸传统练染印整技艺非遗展"举办,为此轮授课提供了更加完美的场景和实物。

2.1 课前准备

(1)学习通上建立课程网站,建立微信交流群。

(2)上传课程电子教材、都锦生的纪录片

视频、教学课件至课程网站,提前通知同学下载观看。

(3)联系教务、学校博物馆,提前报备,提前在学习通上通知上课地点为学校丝绸博物馆。

(4)提前通知学生前往学校丝绸博物馆参观展览(图1)。

图1 学生参观丝绸博物馆"东方艺术之花"展览并发表评论

(5)上课前5min在微信群发布信息,提醒大家准备上课;在学习通发起签到,提醒大家开课,与学生提前做一些课堂约定。

2.2 课堂教学

2.2.1 课程普通知识点

通过PPT、电子板书、视频等课件资料讲授,可以通过在课件上标注、备注等突出重点内容。

2.2.2 课程重点难点

此章节的重难点为像锦纹织物的纹制原理及技术,通过讲授让学生理解并掌握,这是一个动态的理论与实践的过程,单纯的表述对于没有见过产品的学生很难想象和理解,因此要多种教学手段并用。

2.2.3 教学过程

(1)欢迎学生来到博物馆上课,问大家提前看展后的感想。学生的感想大部分集中在对于织锦作品精湛技术的惊叹,顺着同学们的感叹,简单介绍像锦工艺的起源和发展,以及目前的发展现状,告诉学生像锦工艺非中国的首创技术,但在以都锦生为代表的中国近代织锦人手中得到了传承与发扬,并形成

了自己的特色,获得国际奖项,使大家对织锦技术有个大概的了解。

(2)讲解织锦的纹织原理知识。让学生通过学习通上的教案 PPT,先做整体的了解;通过 ipad+学习通,深入讲述纹织过程,边描绘边讲解,使学生更好地理解(图2)。

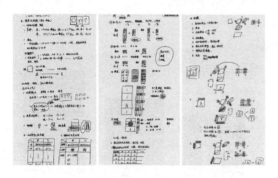

图2　课程电子板书

(3)结合现场织锦实物讲述原理,对照技术点、意匠图展品及技术变化产品的讲解,突出织锦工艺的精湛,强调匠人在意匠、组织绘制时的工匠精神。同时,通过不同时期作品的技术变化,介绍近代织锦人对于技术的执着与创新(图3)。

图3　课程现场实物讲解

(4)带领学生一边看展品,一边配合演示动作,加深理解和记忆。因为在博物馆,场地空间大,在带学生走动的过程中,给学生讲述都锦生的生平历史,告诉同学们民国时期爱国工业家的不易,有国才有家。

(5)教学中,欢迎学生随时提出疑问和发表理解,随时解答讲解,能做到即时答疑解惑。

(6)课后,通过微信群与学生进行交流和沟通,作业提交学习通(图4)。

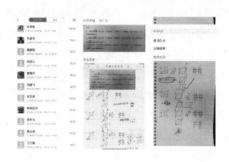

图4　学生提交作业及批改

课程教学中发现,同学们对于织锦作品精湛技术发出不停地赞叹。像锦技术起源于欧洲,以都锦生为代表的中国近代织锦人将其吸收消化并传承发扬,对技术进行不断地创新才形成了中国特色,中华人民共和国成立后乃至现在依然是国礼的选择,证明织锦工艺的精湛,也让学生由衷地感叹织锦提花技艺的魅力,更加激发学习的热情。

通过介绍展览中不同时期作品的技术变化,学生被老一辈织锦人对专业技术的执着以及在意匠、组织绘制时展示的工匠精神深深折服。学生也一致认为课程内容非常充实丰富、有趣且逻辑清晰,多种方式综合使用,老师和学生的互动也很活跃,老师倾尽全力去营造一个贴近现实的课堂。

3　课程思政融入教学的课后思考

3.1　教师自身道德素质的培养是思政教育的关键,教师应加强自身思政修养的培养与建设

思政教育,教师是关键,课程的教学并非

按照剧本念词,而是需要教师根据现场的教学进度和情形做临时的应变和调整。"教之而不受,虽强告之无益",只有教师本身有强烈的正能量,才能坚定、自然地传递正能量于无形间。只要教师心中有光,有对专业的自豪,对民族的自信,对国家的热爱,教师的每一堂课,每一句话都是思政教学。

教师的德行根植于个人内心修养,思政教育是责成教师坚持"终身学习"理念,孜孜不倦地提高自己,做知识的认知、评价、决策与实践的创作者,与学生共享生命的资源,只有让思政教学情真意切、发自肺腑、激情澎湃,才能为学生成长成才亮起引路明灯,把学生引向正道。

3.2　教学是可持续的教学,应当注重课程教学对学生在课程结束后的可持续性影响和发展

教学不仅仅着眼于课程中有限的教学方法和评价考核的改革,更注重课堂教学后学生后续性的相关发展。课程思政价值引领实质上是精神引领,不能因为思政而思政,刻意、生硬地植入思政元素,以润物无声的方式使信念融入职业生涯,这才是思政教育的成果。相信每个学生都蕴藏着无限潜能,教学中因材施教,激发学生学习兴趣、明确学习方向、转变学习态度,使每个学生都在原有的基础上有所进步、有所发展。

3.3　教学空间并非只有教室,任何与专业相关的场所都是教学的舞台

教师应树立创新的思政教育观念,突破纺织丝绸类专业课程教育中课程思政教学形式单一、教学内容不够充实等实际问题,充分挖掘课程知识中蕴含的思想政治教育元素,与授课内容紧密结合,在培养学生扎实基础理论和设计能力的同时,可以将理论教学的课堂开进博物馆、生产车间,邀请老匠人进入课堂等多种形式,如博物馆现场教学等,以润物无声的方式,将织锦文化、非遗技艺等为载体的纺织丝绸传统文化和技艺融进课堂,形成"文化进课堂,学生出课堂"的课程思政教育体系。

致谢

本论文受浙江省第一批省级课程思政教学研究项目"融入织锦文化的'纹织学'课程思政教学实践"的资助。

参考文献

[1] 王国和,金子敏.织物组织与结构学[M].上海:东华大学出版社,2022.
[2] 翁越飞.提花织物的设计与工艺[M].北京:中国纺织出版社,2004.

新工科背景下"新型纺织品设计及技术"课程思政教学改革

李雅

浙江理工大学,纺织科学与工程学院(国际丝绸学院),杭州

摘　要:在新工科背景下,以浙江理工大学的国家特色纺织工程专业为依托,深入挖掘"新型纺织品设计及技术"课程专业知识点和教学案例中的政治认同、爱国情怀、社会责任、文化自信、创新精神等课程思政重点要素,并融入"新型纺织品设计及技术"课程研究与建设中,针对教学设计、教学内容与教学方法进行探索性教学改革,使学生在专业知识和技能的学习过程中提升德育素质水平。
关键词:新工科;课程思政;新型纺织品设计及技术;教学改革

为主动应对新一轮科技革命与产业变革,支撑服务创新驱动发展、"中国制造 2025"等一系列国家战略,教育部改革新时代工程教育方向,积极推进新工科建设战略行动,全力探索形成领跑全球工程教育的中国模式、中国经验,助力高等教育强国建设[1]。同时,近年来,中央高度重视高校的思政工作,国务院先后出台了一系列加强大学生思想政治教育的文件,强调高校思想政治教育的重要性和必要性[2]。把思想政治工作贯穿到新工科教育教学全过程,将政治认同、爱国情怀、社会责任、文化自信、创新精神等思政元素纳入人才培养体系并提高人才培养质量,是高校目前面临的一项非常重要的任务。

"新型纺织品设计及技术"课程是浙江理工大学纺织工程专业纺织技术与贸易方向的专业选修课,是基于"纺织材料学""机织组织学""现代准备工艺学""织造学""纺织品设计CAD"等课程学习后,综合新材料、新技术以及生态设计、绿色制造的发展,阐述纺织新产品的设计及技术,是毕业实习、毕业设计与论文等课程的先修课程。依据新时代纺织行业发展的要求,授课教师需要结合课程的内容与特点,充分挖掘"新型纺织品设计及技术"课程知识体系中的思政元素,使新工科背景下的专业教育与思想政治教育同步进行,培养出符合未来纺织工业战略领域所需的工程科技人才。

1 "新型纺织品设计及技术"课程内容和思政目标

1.1 知识目标

掌握纺织新产品的发展前沿;掌握弹力织物、新合纤织物(化纤仿真织物、吸湿排汗织物)、纤维素纤维织物、高科技化纤织物(阻燃、抗静电等功能织物)等纺织新产品的设计及技术;掌握采用复合技术(层合、涂层技术)、数码技术、智能技术等设计纺织新产品;了解生态设计、绿色制造的纺织新产品。

1.2 能力目标

通过资料查询、文献检索及现代工具获取相关信息,具有信息分析和研究的能力,并制订针对复杂纺织工程问题的解决方案;能够对纺织新产品生产工艺流程进行设计,了解影响纺织新产品生产工艺的各种因素,在纺织新产品生产工艺流程设计环节中具有创新的态度和意识;能够综

合运用所学的科学原理,并基于科学的方法,着重新材料、新技术的应用,对纺织新产品生产过程中相关的各类物理化学现象、材料特性、纺织机械和工艺制订实验方案,培养学生综合运用纺织工程知识来独立设计研发纺织新产品的能力。

1.3 素质目标

培养实事求是的科学精神、严谨的工作态度和求实、创新的科学素质;注重纺织新产品的生态设计、绿色制造;使学生树立社会主义核心价值观,以及浓厚的爱国情怀和民族自豪感;遵纪守法、热爱劳动,具有社会责任感,以及吃苦耐劳、爱岗敬业的职业精神;具备团队合作的综合工程文化素质以及为实现纺织强国而奋斗的志向和意识。

2 "新型纺织品设计及技术"课程内容和思政教学改革举措

在新工科背景下,基于课程思政建设对"新型纺织品设计及技术"课程进行教学改革,培养纺织工程专业新工科人才,从教学设计、教学内容、教学方式等方面进行探索性改革。

2.1 挖掘思政元素

为贴合新工科背景下的高校教学思政要求,优化"新型纺织品设计及技术"课程教学设计。挖掘课程专业知识教学中的思政元素时,应侧重"大国工业、强化创新意识、科学素养、职业自信、工匠精神和爱国精神"等具有专业特色的思政教育点,收集思政素材,在授课内容上进行适度调整,将纺织的历史、发展、典型人物和事迹汇总,渗入"新型纺织品设计及技术"专业课程讲授内。

在"第一章纺织新产品的发展前沿"中,学习目标是要学生了解纺织新材料、新技术发展前沿与纺织新产品设计。在教学中介绍世界纺织新材料及相应技术的发展前沿与纺织新产品设计,阐述我国如何在激烈的国际市场竞争中抓住机遇,加快纺织行业产品结构调整和新产品开发的步伐,开辟纺织行业可持续发展的良性循环道路,说明我国纺织新产品对人类文明的贡献和纺织新技术对脱贫攻坚的当代意义,从而培养学生的民族自豪感和创新思想;介绍国内纺织产品还有很大的发展空间,树立学生的职业责任心;介绍纺织产业主要领域发展趋势,国内纺织纤维、面料与产品的发展进程及现状,激发学生的职业理想和学习积极性。在"第五章高科技化学纤维织物"中,学习目标是了解高性能合成纤维的发展、掌握高性能纤维织物设计与技术。芳纶是我国战略性新兴产业中重点发展的材料品种,介绍国内拥有高性能芳纶自主知识产权的企业,对社会经济发展和创造人类美好生活做出的积极贡献,从而培养学生的民族自豪感、职业责任感和创新思想;介绍国内新型高性能纤维材料对应的产品在相关领域的成功应用,激发学生的职业理想和学习积极性。在"第八章智能纺织品"中,学习目标是了解智能纺织品的发展前沿及其设计与技术。随着纺织科技的发展,纺织品已突破了原有的保温和美化的范畴,正在逐步走向功能化和智能化。智能纺织品是一类贯穿纺织、电子、化学、生物、医学等多学科综合开发的具有高智能化的纺织品,它基于仿生学概念,能够模拟生命系统,同时有感知和反应双重功能。介绍世界智能纺织品的发展前沿、我国在智能纺织品设计和技术上的贡献,培养学生的民族自豪感,调动学生的学习积极性;介绍我国智能纺织品的设计和技术有巨大的发展空间,树立学生的职业责任心。

我国纺织行业高速发展,已成为全球纺织产业规模最大的国家,并且纺织文化由来已久,是中华民族传统文化的精髓。提升专业教师的思政素养,完善课程思政体系,落实思政元素在教学设计和教学内容里,将政治认同、爱国情怀、社会责任、文化自信、创新精神等思政元素贯穿到纺织工程专业教学中,发挥课程教人和育人的双重作用。

2.2 丰富教学方法

在课程教学中保证教师是学习的促进

者,要让学生做到学以致用,采取多种信息化教学管理手段。加强钉钉、微信等即时通信群组的作用和在线答疑工作,营造良好的学习氛围,促进师生交流、生生交流,引导学生参与分析、讨论、表达等活动,让学生在具体的问题情境中积极思考、主动探索,鼓励学生积极参与学习过程,巩固知识的学习和反馈。

之前,由于受到新冠肺炎疫情影响,积极响应学校"停课不停教、停教不停学"的号召,授课教师采用在线学习和直播互动双平台相互补充进行教学,已在超星泛雅平台建立了课程的SPOC。在线课程学习平台为混合式教学改革提供可能,学生们可以通过课余时间的线上课程学习,补充和巩固相关的基础知识。授课教师优化更新已创建的在线课程资源,把纺织相关的历史、发展与科技创新等通过线上视频的方式推送,向学生传递思政教育,激发爱国情怀和职业责任感。线上线下混合为融入思政教育内容提供了课时和教师备课方面的条件,极大地促进了课程思政教学的有效开展,并且持续改进。

融合线上线下,加强师生互动,活跃课堂气氛,方便课堂内外学习和交流。优化教学内容和资源,激发学生的学习热情,同时增强专业认同感,培养学生思考、解决问题的能力,提升教学效果。

2.3　注重多元教学评价

新工科背景下的"新型纺织品设计及技术"课程要想获得良好的专业知识和思政育人协同效果,还需要将教学评价多元化,使课程思政教学效果实现可量化评价。加强学生的过程考核,有利于对学生的学习效果进行客观、公正的过程性评价;引导学生进行自我反思,并对课堂学习效果进行评析,进行形成性评价和自我评价,完善整体教学评价体系,促进课程评价更客观。及时修订课程教学大纲,使之包含体现课程思政的知识点与育人环节;完善体现课程思政特点的课件及教学实施,教学设计注重情境创设;增加对课程思政教学效果的考核;教学反馈中增加学生对

该课程素质教学效果的反馈;教学考核中增加素质教学目标的内容[3]。

改变任课教师为唯一评价主体的局面,在教学过程中,教师和学生为主体以问卷调查、课内讨论、翻转课堂PPT汇报、小测验、课后作业、同学互评、自评等形式检验学生学习成果的形成性评价,为持续改进教学提供信息。"新型纺织品设计及技术"课程考核综合平时成绩和期末考试成绩,加强学生的过程考核,设置主题讨论,探索翻转课堂教学模式,要求学生分组讨论、集中汇报,提升学生课堂参与度,发挥团队成员各自的优势和协同工作能力,提高学生将所学理论知识与具体工程实践相结合的能力。实施线上测验和考核,根据线上大数据提供的教学全周期记录和分析,有利于对学生的学习效果形成客观、公正的过程性评价。考核方式多元化,其中平时成绩占10%,平时成绩包括课堂表现5%+平时作业5%,要求出勤率、思考积极性、回答问题活跃性等;读书报告占40%,要求选题新颖、内容完整、逻辑严密等;口头报告占50%,要求语言表达简练清晰、正确流畅,有恰当的眼神与肢体语言的交流,促进多元课程评价更客观。

3　结语

在教学实践过程中,针对"新型纺织品设计及技术"课程的建设和改革成效,不断对课程体系的教学设计、教学内容、教学方式进行优化建设和完善,对其课程管理和评价手段进行优化建设和完善,培养新工科背景下纺织工程专业德智体美劳全面发展,基础宽厚、专业扎实、能力突出,具有爱国情怀、社会责任、创新精神、国际视野的高素质卓越复合人才。

参考文献

[1]　赵文军,刘咪,李新仪,等. 新工科建设背景下高校创新创业教育评价体系构建研究[J],科技视界,2021,14:46-48.
[2]　习近平. 把思想政治工作贯穿教育教学全

过程 开创我国高等教育事业发展新局面[N].人民日报,2016-12-09(1).

[3] 杨雪,辛斌杰."纺织测试新技术"课程思政教学改革[J].纺织服装教育,2022,37(2):131-132,143.

非织造材料与工程专业课程思政教学体系的构建

雷彩虹,刘国金,李祥龙,于斌,周颖

浙江理工大学,纺织科学与工程学院(国际丝绸学院),杭州

摘　要:课程思政是高校育人理念和育人模式改革与创新的重中之重。挖掘专业课程的育人资源,形成有机的整体,发挥各门专业课程思政育人功能,是当前非织造材料与工程专业课程教学改革的一项重要内容。本文通过分析该专业课程思政教学中的难点及问题,从专业培养方案、课程教学文件、师资队伍、教学保障体系、特色专业课程开发等方面提出构建系统而规范的、一体化的非织造材料与工程专业的思政教学体系,以促进各专业课程之间有机衔接,通力合作开展课程思政教育,落实立德树人的根本任务。

关键词:非织造材料与工程专业;课程思政;教学体系构建

课程思政是构建全员育人、全过程育人和全方位育人大格局的关键环节,将各类课程与思想政治理论课同向同行,把知识传授和育德育人相结合,形成协同效应,从而落实立德树人的根本教育任务。从 2018 年开始,课程思政教学改革在全国各大高校展开。2020 年教育部印发的《高等学校课程思政建设指导纲要》明确了课程思政建设要在所有高校、所有学科专业中全面推进,特别提出要科学设计课程思政教学体系[1]。如何设计实施课程思政教学体系,各高校都做了不少有益探索,目前尚未形成统一的模式。

非织造行业已成为我国纺织产业发展中最受关注的领域之一,非织造材料也已成为现代国民经济发展中的重要新型材料[2]。2020 年新冠肺炎疫情暴发,非织造材料成为抗疫重器,非织造材料需求巨大、增长快速。浙江理工大学非织造材料与工程专业是一个多学科交叉且实践性较强的专业,旨在立足本土、接轨高端,围绕产业发展需求,培养"学科交叉、学术融合、全方位发展"学术应用复合型非织造高级工程技术人才。在教育教学中为实现此目标,除了对非织造材料与工程专业本科生进行专业知识教育外,还要对他们进行思想政治教育,做到"以德为先,以能

为本,品学兼修"。无论是专业知识教育还是思想政治教育,都离不开课程,因此,课程建设是人才培养的核心要素。"专业课程"思想政治教育的本质是要将教育的育人使命从知识维度和能力维度升华到价值维度,在专业教育教学过程中,做好专业课程思政的教学定位,构建适应课程思政的教学体系,成为新时代非织造材料与工程专业教育教学革新的又一个征程。

1　课程思政教育的难点及问题分析

经过对非织造材料与工程专业课程思政开展情况的了解和调研,目前对于在该专业课程中开展思政教育的改革尚处于大力推进和探索阶段,课程思政教学过程的整体设计和系统规划仍存在进一步提升的空间。主要有以下几方面:

(1)部分教师对专业课程在人才培养方案中的定位不清晰。专业课中思政教育多为零散或临场发挥,缺少整体设计与规划,各门课程之间尚没有形成合力,缺乏顶层设计。

(2)对课程思政"如何做""何时做",思

政元素与专业知识通过何种途径、何种方式融入,都尚未形成专门化、系统化的教学设计方案,对课程思政的教学设计和思政元素的挖掘也缺乏系统化思路。

(3)如何有效评价和反馈教师课程思政教学的教学工作和实施效果,缺乏规范合理的课程思政教学评价体系。

2 课程思政教学体系的构建路径

培养德才兼备的非织造材料与工程专业人才,不仅需要构建专业知识的教学体系,也要构建思政的教学体系,而传统的非织造材料与工程专业教学体系与思想政治教育体系各自承担着不同的教育目标和内容,分别具有独立运行的教学模式与实践活动方式,是两个并行的教学体系。实现非织造材料与工程专业课程思政需从价值引领的专业人才培养方案确立、思政元素全覆盖的课程教学文件编制、教师课程思政建设的能力提升、课程思政教学保障机制建立健全、专业核心课程思政典型示范模型建立等多个方面同时展开。

2.1 确立人才培养方案

专业人才培养方案是基层教学组织开展教学过程、规范教学环节,实现专业人才培养目标的主要依据,也是学生进行理论学习和开展实践训练的主要依据。因此,要开展非织造材料与工程专业课程思政建设,首先要从该专业人才培养方案着手,根据国家、区域和非织造行业的具体需求,结合实现非织造产业绿色可持续发展的目标[3],提炼专业使命、社会责任、专业伦理和职业操守要求,构建专业的核心价值体系。将专业的核心价值体系融入人才培养目标和毕业生基本要求,优化设计价值引领的本专业人才培养方案,做好顶层设计。作为非织造材料与工程专业的人才培养方案,在人才培养目标上,应坚持以德为先,以能为本,品学兼优的基本原则。只有坚持这个基本原则,才能确保德才兼备的工科人才的底色。在人才培养要求上,要

更加强调本专业的学生必须认同中国共产党的领导,认同中国特色社会主义的理想信念,热爱国家,掌握马克思主义中国化的理论成果,牢固树立正确的世界观、人生观、价值观。在人才培养标准上,通过各门专业课程融入思政的元素,在教书的同时进行育人,培养既有扎实的专业知识又有良好的社会责任和职业素养的高素质创新创意创业卓越人才。具体如图1所示。

2.2 编制思政元素全覆盖的课程教学文件

课程的教学文件是指导和规范教学内容和教学秩序,完成教学任务、实现教学目的的书面文件,主要包括教学大纲、教学日历、教学日志、教案、课件等。其中教学大纲和教案最为重要。2020年5月印发的《高等学校课程思政建设指导纲要》要求高校课程思政要融入课堂教学建设,要落实到课程目标设计中。

(1)在编制各门专业课的课程教学大纲中,应立足非织造材料与工程专业内涵,聚焦非织造材料与工程专业课程思政元素的具体开发[4],根据《浙江理工大学"课程思政"教育教学改革实施方案(2017试行)》的文件要求,重新梳理课程教学目标,明确课程思政教学目标和课程思政的教育内容等;在教学内容和教学安排部分,主要包括需要学生掌握、了解的基本理论、基本知识和基本技能等以及学时分配、教学方式和对应课程目标等,在教学内容上,要明确对学生开展哪些方面的思政教育,以及明确教学内容与思政的结合点。另外,专业课程之间的思政体系构建需要专业负责人引领,在专业教师形成共识的基础上,明确定位专业基础课、专业核心课、专业选修课等不同类别专业课程的德育目标,尽可能做到有区分避免重复,且有渐进、有提升。

(2)教案是教师基于教学大纲规定的教学任务,以课时为单位编写的教学实施方案,所以在撰写教案中的教学内容与课程思政的结合点时,要充分理解本专业课程思政的内

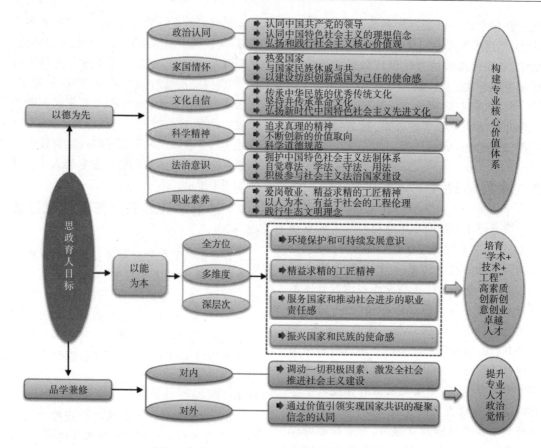

图1　非织造材料与工程专业课程思政育人目标

涵,明确本专业课程思政指标体系,深度挖掘其思政教育资源、元素和逻辑。同时要紧跟时代特征,充分了解、把握学生的需求,探索情境互动和案例解析等适宜的教学方法来实施课程思政。

2.3 提升教师课程思政建设的意识与能力

教师是专业教育的实践者,又是充分发挥各门课程思想政治教育功能的实践者和推动者[5]。课程思政要求教师强化育人意识、找准育人角度、增强育人能力,因此,培养和提升教师专业思政建设的意识和能力,是推进非织造材料与工程专业课程思政建设的关键。

（1）增强教师课程思政建设的意识

为了培养教师课程思政建设的意识,培训学习是一个重要的途径,可采用党支部活动、基层教学组织活动,并运用开展讲座、培训、青年教师沙龙等形式,培训学习的内容包括马列主义、毛泽东思想、邓小平理论、"三个代表"重要思想、科学发展观和习近平新时代中国特色社会主义思想。通过培训学习,深刻理解我国社会主义高校培养什么人、怎样培养人、为谁培养人这个教育的根本问题,从而增强教师课程思政建设的自觉性。

（2）提高教师课程思政建设的能力

首先,提高教师的政治能力。专业教师以课程思政建设为契机,以培训学习工作为纽带,学懂、掌握经典理论的精髓,坚定理想信念,坚持正确的政治方向,提升自身育德能力,努力使自己具有高尚的道德情操,成为中国特色社会主义理论的坚定信仰者、中国共产党执政的拥护者和支持者、学生成长成才过程中的指引者和领路人。其次,提高教师的课程思政教学能力。课堂教学是课程思政的主渠道,教师要不断提高课堂教学能力,是做好课程思政的基础和保障。以专业课教师为核心,构建"非思政专业课教师+思政课教师/院系辅导员+企业导师"复合型育人共同体,加强交流合作,是增强专业教师课程思政能力的重要途径[6]。其中,非思政专业课教师+思政课教师/院系辅导员相互取长补短,做好专业课程思政元素和课堂融入的设计,将思政课和专业课的教学内容融会贯通,使专业课程与思政课程相辅相成、相得益彰。非思政专业课教师+企业导师共同致力于探索校内外育人途径,提升育人空间和水平,共同致力于专业特色的专业思政育人建设。

2.4 完善课程思政教学保障体系

科学合理的课程思政教学保障机制是课程思政实施的重要组成部分,对推进教育改革和提升教学效果具有重要意义。《高等学校课程思政建设指导纲要》中指出"要建立健全课程思政建设质量评价体系",明确了课程思政评价体系的重要性。为对专业课课程思政的开展、实施效果等进行及时、有效地指导和评价,课程思政教学保障体系可从两方面着眼。一方面,完善课程思政质量监控体系。构建"非织造系+非织造材料与工程专业基层教学组织+非织造系教师党支部+教师"四位一体的协同推进组织体系,将教师党支部建在基层教学组织,强化教师党支部的战斗堡垒作用及其与专业基层教学组织的协同育人作用[7],将专业思政和课程思政建设作为党支部集体活动的重要内容。建立集体听课备课和教研制度,聚焦教学改革中的难点、痛点,定期组织研讨,形成相应教研记录、听课记录。鼓励跨学科、跨院系联合教研,调动一切资源和力量投入本专业思政建设中,推动课程思政理念落深、落实。另一方面,建立健全课程思政教学评价体系。以学生的全面发展为原则,以专业的核心素养养成度为目标,整合"过程性评价+终结性考试",构建"全过程评价与多元评价相结合"的课程思政教学评价体系[8],并合理运用课程思政的评价结果,发挥其导向功能,为全面实施专业课课程思政提供必要保障措施和衡量标准,助力课程思政教学,引领教师思政能力的提升。

2.5 形成专业核心课程思政典型示范模型

按照"价值引领、能力本位、知识教育"的总体要求,以专业核心课程为抓手,优化资源配置,汇聚育人合力,发挥协同效应。通过挖掘思政元素融入自然且极富感染力的特色专业课程,如于斌教授将"聚合物挤压成网技术概论"与课程思政内涵有机结合,在讲解聚合物挤压成网非织造材料的发展与现状时,融入了中国非织造材料的发展历程,培养学生民族自豪感和爱国主义情怀。朱海霖教授选取"非织造加工与后整理"中特殊功能性整理(硬挺和柔软整理、亲水和防拒水整理),巧妙融入辩证统一的工程哲学,积极引导学生树立正确的人生观和价值观。总结课程思政实施过程中的路径、方法和问题,分析和解决课程思政中存在的问题,凝练课程思政教育成果,形成完善可行的课程思政示范模型,并推广应用到纺织工程专业的其他课程。

3 结语

思政教育贯穿于教育教学全过程,是高校"隐性"思政理念发展的必然。课程思政肩负着育人使命,需要各门课程整体协调、同向而行,才能发挥育人效果。专业课程之间尚未形成有机的整体是高校课程思政建设的短板。本文介绍了非织造材料与工程专业的课程思政教学中的难点及问题,结合非织造行业的需求和该专业的特色,提出了非织造材料与工程专业的思政教学体系的构建路径,具体包括确立价值引领的专业人才培养方案、编制思政元素全覆盖的课程教学文件、提升教师课程思政建设能力、完善课程思政教学保障体系、形成专业核心课课程思政典型示范模型等,推进思政建设在人才培养过程中全方位、多维度、深层次的覆盖,实现专业课程与课程思政深度融合,提高人才培养质量。

致谢

本论文为浙江理工大学 2022 年校级教育教学改革研究项目课程思政项目(jgkcsz-202202)和首批校级课程思政示范专业建设项目(sfzy202203)的部分成果。

参考文献

[1] 教育部. 教育部关于印发《高等学校课程思政建设指导纲要》的通知[EB/OL]. [2021-06-05].

[2] 中国科学技术协会. 2012—2013 纺织科学技术学科发展报告[M]. 北京:中国科学技术社出版,2014.

[3] 田光亮,张文馨,靳向煜,等. 非织造材料用纤维的研究进展及发展趋势[J]. 产业用纺织品,2019,37(9):1-6.

[4] 张瑜,张伟,李素英,等."新工科"非织造材料与工程专业课程思政体系的构建[J]. 纺织服装教育,2021,36(3):48-51.

[5] 王光彦. 充分发挥高校各门课程思想政治教育功能[J]. 中国大学教学,2017(10):4-7.

[6] 郎振红. 高校理工类学科课程思政建设的实践研究[J]. 大学教育,2020(11):23-26,50.

[7] 曹慧平. 高校教工党支部建设与课程思政教学协同育人机制研究[J]. 齐齐哈尔大学学报(哲学社会科学版),2021(3):181-184.

[8] 周翀,范存辉,刘向君."三全育人"理念下高校理工类专业课程思政建设研究:以地学学科为例[J]. 四川轻化工大学学报(社会科学版),2021,36(2):33-46.

新工科背景下非织造专业"高分子化学"课程思政的实践与探索

李飞云,李楠

浙江理工大学,纺织科学与工程学院(国际丝绸学院),杭州

摘 要:"高分子化学"是非织造专业的一门重要基础课程,加强"高分子化学"课程思政建设是新工科背景下非织造工程专业建设和培养非织造专业人才的必要举措。本文将从设计"高分子化学"课程思政教学内容及有效开展课程思政等方面介绍"高分子化学"课程思政建设。

关键词:课程思政;高分子化学;立德树人

1 引言

各专业课要"守好一段渠、种好责任田,使各类课程与思想政治理论课同向同行,形成协同效应"。"高分子化学"是非织造专业的一门重要基础课,"高分子化学"课程思政建设是新工科背景下非织造工程专业建设的重要组成部分,是培养非织造专业人才和服务非织造产业发展的关键环节。目前,"高分子化学"教学中存在"重教轻育""强行植入思政教育"的现象。一些教师在教学中习惯以老师为中心,单纯强调传授知识,忽略对学生的能力培养和价值塑造;一些教师在教学中为赶思政教学的潮流,简单强行植入思政教育,而不考虑思政内容与专业知识之间的内在联系。"重教轻育"导致知识传授与能力培养及价值塑造之间的隔离,而"强行植入思政教育"不仅达不到"高分子化学"与思想政治理论课程的协调效应,还会适得其反,让学生对思政教学产生厌烦情绪[1]。近年来,我国非织造产业发展迅速,急需大批量非织造专业人才[2]。因此,加强"高分子化学"课程思政建设是非织造工程专业建设和培养非织造专业人才的必要举措。

培养什么人,是教育的首要问题。"高分子化学"思政建设是中国特色社会主义非织造专业人才培养的有力抓手。在"高分子化学"教学中,如何设计课程思政教学内容,如何开展课程思政教学,是目前"高分子化学"课程思政建设的重要问题。

2 "高分子化学"课程思政教学内容的设计角度

历史和现实相结合。教师既可从高分子化学发展史中发现课程思政资源[3],也可从现实生活中提取课程思政资源,其中善于挖掘中国元素,讲好具有中国特色的中国故事是"高分子化学"课程思政建设的关键。

2.1 从高分子化学发展史中挖掘中国元素

高分子概念始于 19 世纪 20 年代,时至今日,世界高分子化学发展已走过近百年。中国近代化学在明末清初从欧洲传入,但由于历史的原因,我国高分子化学发展起步较晚,始于 20 世纪 50 年代[4]。

高分子化学发展史是课程思政建设的宝贵资源。在高分子化学发展中,每一类高分子化合物的命名、定义、合成及其应用,每类高分子有机反应的发现及其应用,每一理论

的提出及其发展的背后都有很多可歌可泣的故事。在"高分子化学"教学中，教师要从高分子化学发展中充分发掘思政资源，尤其是要善于挖掘其背后的中国元素。比如，1965 年我国科学家首次完成世界上第一个人工全合成牛胰岛素；徐僖、冯新德等老一辈高分子化学专家放弃国外优越物质条件，毅然归国发展我国高分子化学学科的感人故事等。教师可从这些中国元素中挖掘背后的可歌可泣的中国故事，在激发学生对高分子化学兴趣的同时，激发学生的爱国热情，提升学生的民族自尊心和增强学生对中华文化的民族自信心。通过"高分子化学"课程思政建设为中国特色社会主义非织造专业人才培养保驾护航。

2.2　从现实社会生活中挖掘思政素材

　　高分子化学源于生活，服务于生活。高分子化学可从日常生活切入教学主题，采用情景式教学方法授课。比如，可从医用口罩过滤层聚丙烯熔喷无纺布引入自由基聚合相关章节教学、从服装面料涤纶引入缩聚反应相关章节教学。教师从日常生活切入教学主题可以引起学生对知识的兴趣，有利于提高传授知识的效率，通过情景式教学方法有利于提高学生分析和解决问题的能力，同时教师可借此激发学生对科学研究的兴趣，传播"将论文写在祖国大地上"的正确科研价值观。此外，教师也可结合高分子化学相关的社会热点问题，比如"黑心口罩""黑心纸尿裤"等事件，在切入教学主题传授专业知识的同时，将职业道德、法律意识及社会责任传递给学生，引导学生树立正确的中国特色社会主义核心价值观，帮助学生"系好人生的第一粒扣子"。通过"高分子化学"课程思政建设为中国特色社会主义非织造专业人才培养指引方向。

3　开展"高分子化学"课程思政教学的策略

3.1　将第一课堂与第二课堂相结合

　　受"高分子化学"课程学时限制，利用第

一课堂开展课程思政，往往以理论教育为主，直接给学生讲解理论思政内容，不易引起学生的兴趣，思政教学效果一般。开展课程思政应充分开发第二课堂，采用问题驱动教学法、情景式教学法等，以问题为导向，调动学生积极性，在实践中落实立德树人的教学任务。比如，设计"医疗防护用品与非织造材料""绿色非织造高分子材料""合成纤维与日常生活"等专题，让学生查阅文献、开展专题讨论、撰写调查报告、制作宣传海报等；带领学生到学校实验室进行实验室安全知识宣传；鼓励学生到学校附近社区进行"非织造材料与生态文明建设""非织造材料与日常生活"等宣传活动；组织学生参观爱国主义基地，特别是中国老一辈高分子化学家故居等。通过开展第二课堂思政教学，有利于培养学生的职业道德、社会责任，激发学生的爱国热情，培养学生的科研精神。通过第一课堂与第二课堂相结合有效开展高分子化学课程思政教学，对宣传中国特色社会主义核心价值观，引导学生形成健全思想人格具有重要意义。

3.2　将线上与线下相结合

　　传统思政教学以线下教学为主，在"互联网+"新时代，教师应充分利用线上"互联网+教学"智慧课堂新模式开展高分子化学课程思政教学，将课程思政充分贯穿于整个教学环节。比如，教师可利用中国 MOOC、超星学习通 APP、雨课堂小程序等录播或直播课程思政，完成课前预习、课上讨论及课后温习等教学任务；教师可组织学生开展线上"医用口罩加工成型始末""徐僖院士与中国高分子化学发展的故事""社会热点问题与高分子化学"等专题讨论，充分利用网络传播资源信息的优势，充分调动学生积极性，引导学生查阅资料、交流互动，将高分子化学专业知识与思政教学相结合；鼓励学生积极线上参观博物馆、科技馆等，引导学生思考关注中国古代和现当代非织造相关科技成就中的高分子化学，激发学生对高分子化学和非织造专业的兴趣，增强文化认同，提高民族自尊心和自信心。综上,教师应将线上与线下相结合,将"高分子化学"课程思政建设贯穿于整个教学环节,在潜移默化中完成传道授业解惑和立德树人的任务。

3.3 将过程考核与结课考核相结合

为激发学生对"高分子化学"课程思政教学的兴趣,提高课程思政建设的效果,可将课程思政纳入教学的过程考核和结课考核中。比如,平时开展课程思政后,要求学生提交文献阅读报告、专题调研报告、小论文等,这些可作为课程平时成绩打分参考;而在期末考核中,可设置"高分子化学"相关课程思政内容,比如,中国老一辈高分子科学家主要突出贡献的知识点可作为选择题考察,一些当下社会热点问题可作为开放题或加分题考察。将过程考核和结课考核相结合,激发和调动学生对高分子化学的学习热情,保证课程思政的教学质量,实现专业理论教育和育人思政实践教育相结合,落实立德树人的教学任务。

4 结语

"高分子化学"课程思政建设是推进新工科非织造专业建设和培养中国特色社会主义非织造专业人才培养的有力抓手。教师可从高分子化学发展史和现实社会生活中挖掘思政资源,将第二课堂与第一课堂、线上与线下、过程考核和结果考核相结合,将课程思政建设贯穿于整个"高分子化学"教学,在潜移默化中宣传好中国特色社会主义核心价值观,积极引导学生养成健全的思想人格,完成立德树人的根本任务。

致谢

本论文为浙江理工大学 2022 年校级教育教学改革研究项目课程思政项目(jgkcsz202202)和首批校级课程思政示范专业建设项目(sfzy202203)的部分成果。

参考文献

[1] 刘文锋,李永莲.有机化学课程思政教学改革探索[J].广东化工,2021,48(18):260-261.
[2] 汪蔚,李海东,曹建达.新工科背景下非织造专业高分子类课程体系的构建[J].内江科技,2020,41(3):111-112.
[3] 常海波,赵晓伟,程亚敏.《高分子化学》教学中"课程思政"的探索与实践[J].广州化工,2021,49(10):180-181.
[4] 肖卫东.我国高分子化学的发展现状[J].成人教育学报,1998(6):2-4.

"非织造过滤材料"课程思政的探索与实践

钱建华,刘国金,雷彩虹,刘婧

浙江理工大学,纺织科学与工程学院(国际丝绸学院),杭州

摘　要:全面推进高校课程思政建设是深入贯彻习近平总书记关于教育的重要论述和全国教育大会精神、落实立德树人根本任务的战略举措。《高等学校课程思政建设指导纲要》提出,课程思政建设要在所有高校、所有学科专业全面推进。浙江理工大学纺织科学与工程学院深化教育教学改革,充分梳理专业课程中的思政资源,发挥每门专业课程的育人作用。"非织造过滤材料"课程通过科学设计课程思政教学体系,修订人才培养方案,结合非织造专业课程特点,深入挖掘课程思政元素,将课程思政教育有机融入专业课程教学全过程,提高了非织造材料专业的人才培养质量。

关键词:课程思政;纺织专业教育;融合

进入新时代,培养什么人、怎样培养人、为谁培养人成为中国高等教育必须回答的根本问题[1]。习近平总书记在全国高校思想政治工作会议上强调,要用好课堂教学这个主渠道,各类课程都要与思想政治理论课同向同行,形成协同效应。要牢固确立人才培养的中心地位,围绕构建高水平人才培养体系,不断完善课程思政工作体系、教学体系和内容体系。突出专业课程教学的育人导向,为培养社会主义接班人"守好一段渠、种好责任田",解决好专业教育和思政教育"两张皮"问题[2]。全面推进课程思政建设,就是要寓价值观引导于知识传授和能力培养之中,帮助学生塑造正确的世界观、人生观、价值观,这是人才培养的应有之义,更是必备内容[3]。课程思政建设内容要紧紧围绕坚定学生理想信念,以爱党、爱国、爱社会主义、爱人民、爱集体为主线,围绕政治认同、家国情怀、文化素养、宪法法治意识、道德修养等重点优化课程思政内容供给,系统进行中国特色社会主义和中国梦教育、社会主义核心价值观教育、法治教育、劳动教育、心理健康教育、中华优秀传统文化教育[4]。

《高等学校课程思政建设指导纲要》指出,专业课程是课程思政建设的基本载体。要深入梳理专业课教学内容,结合不同课程特点、思维方法和价值理念,深入挖掘课程思政元素,有机融入专业课程教学之中[5]。

1　"非织造过滤材料"课程思政的可行性

"非织造过滤材料"是非织造材料与工程专业课程,主要讲授过滤材料发展史及现状,过滤材料在环保、医疗卫生、工农业生产和日常生活中的重要作用,过滤的基本原理和非织造过滤材料的生产工艺和应用。通过课程学习,学生对过滤的基本原理有较为全面的了解,并可以根据过滤原理来设计制备相应的过滤材料。课程思政育人目标是充分挖掘非织造过滤材料专业课程中的思政元素,以课程思政为引领,将专业教育的价值塑造、知识传授、能力培养与课程思政育人有机地结合,形成正确的世界观、人生观、价值观,二者相互结合,达到同向同行,形成协同效应[6]。引导学生了解世情、国情、党情、民情,增强对党的创新理论的政治认同、思想认同、情感认同,坚定中国特色社会主义道路自信、理论自信、制度自信、文化自信。着重培养学生的思辨精神,科学发展观、社

会责任感和"爱国、敬业、诚信、友善"社会主义　核心价值观[7]（图1）。

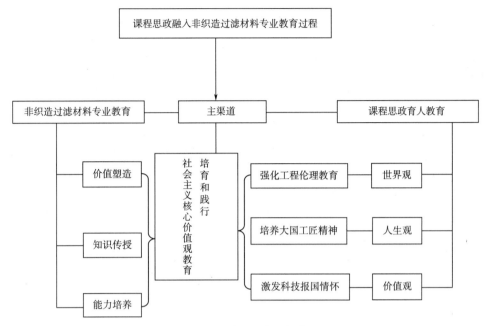

图1　课程思政融入专业教育过程

2　科学设计"非织造过滤材料"课程思政教学体系

在"非织造过滤材料"课程内容原有的知识点、能力、素质课程目标基础上,进一步对标《高等学校课程思政建设指导纲要》

课程思政的目标。通过课程思政建设,将思政元素有机融入课堂教学。理论教学与案例教学相结合,围绕政治认同、家国情怀、文化素养、宪法法治意识、道德修养等重点优化课程思政内容供给,增加思维、品格等思政方面的目标[8]。注重学思结合、知行统一（表1）。

表1　课程教学内容及思政融合设计

章节	专业教学内容	对应课程思政元素
第一章 绪论	第1节　过滤的目的 第2节　过滤的形式 第3节　过滤材料的现状 第4节　过滤材料的结构与应用 第5节　过滤材料的发展前景	理论教学与案例教学结合,讲解口罩及熔喷布等过滤材料在新冠肺炎疫情中的防护作用,引导爱国主义教育,提高学生社会责任感和担当
第二章 空气过滤器	第1节　空气过滤器的类型 第2节　保护机器类的空气过滤器 第3节　洁净空间类空气过滤器 第4节　控制烟尘空气过滤器	理论教学与案例教学结合,提高学生科学发展观的认知水平,树立"绿水青山就是金山银山"的环保意识
第三章 过滤介质	第1节　过滤介质的分类和特性 第2节　编织布 第3节　流体通过介质的数学模型	课堂讲授与互动相结合,培养学生创新思维与思辨精神,科学技术的前沿与探究精神,课堂理论教学与案例教学结合,培养学生创新思维,量变到质变的哲学思维

续表

章节	专业教学内容	对应课程思政元素
第四章 织物过滤材料	第1节　纤维的种类及其性能 第2节　纤维规格及用途 第3节　功能性化学纤维过滤材料 第4节　高性能纤维过滤材料 第5节　非织造过滤材料的结构与性能	课堂理论教学与案例教学结合,提升学生科学发展观的认知水平,科学技术的前沿与探究精神,民族凝聚力,创新思维与思辨精神
第五章 膜过滤材料	第1节　分离膜材料的分类 第2节　膜和膜组件过滤 第3节　微滤膜结构及过滤特点 第4节　超滤膜结构及过滤性能 第5节　纳滤和反渗透膜结构和性能	课堂理论教学与案例分析结合,纯水和超纯水的制备及应用技术,海水淡化技术。提升学生科学发展观的认知水平

将非织造过滤材料专业课程教学内容与新冠肺炎疫情防控相结合,引导爱国主义精神教育。在讲授过滤的目的、过滤的形式、过滤材料的现状、过滤材料的结构与应用、过滤材料的发展前景时,结合案例教学,如口罩等卫生用品在医疗卫生及日常防护上的不同应用。根据国家卫生健康委员会公布的《新型冠状病毒肺炎诊疗方案(试行第七版)》,经呼吸道飞沫和密切接触传播是新型冠状病毒主要的传播途径,在相对封闭的环境中长时间暴露于高浓度气溶胶情况下存在经气溶胶传播的可能。因此,佩戴合适的口罩阻挡飞沫和气溶胶已经成为此次防止新型冠状病毒传播的重要防护措施之一。指导学生通过网络查找口罩标准,按照行业划分,我国口罩可以分为医用口罩、工业防护口罩、民用口罩。这3类口罩的标准根据实际应用的场景的不同,在制作工艺、主要性能、执行标准、考核指标、检测方法等方面的要求也不同。熔喷布在口罩中起关键性过滤作用,根据目标污染物的不同,熔喷布过滤效率可以分为:颗粒物过滤效率(PFE)、细菌过滤效率(BFE)、病毒过滤效率。根据颗粒物属性,颗粒物过滤效率又可以分为:盐性和油性颗粒物过滤效率。这样学生通过专业课程学习,查阅各类产品《标准》文献,将熔喷布的实验、测试和口罩产品在防疫中的作用有机结合起来,引导爱国主义教育,提高学生爱国热情,培育和践行社会

主义核心价值观,2020年以来发生的新冠肺炎疫情及国家应对措施,本身就是最好的思政教育素材。

3　结合非织造专业课程特点挖掘思政元素

专业课程是课程思政建设的基本载体。需要深入挖掘课程思政元素,有机融入专业课程教学中,达到润物无声的育人效果。注重强化学生工程伦理教育,培养学生精益求精的大国工匠精神,提高学生科学发展观的认知水平[9]。

例如,在"空气过滤器"这一章节,从行业类型上主要分为三类:

第一类是保护机器的空气过滤器。内燃机、空气压缩机、汽轮机及其他类发动机的进气系统空气滤芯。这是工业动力、燃油汽车、航空飞行器上都广泛使用的关键过滤部件。我国内燃机车自1958年起步以来,各内燃机车制造厂经过"七五""八五"和"九五"的技术改造,生产能力和装备的技术水平都有了极大提高,部分装备已达世界同行业的先进水平。国产内燃机车在技术上达到了一定的水平,基本满足了国家铁路、工矿企业的需求并先后出口到南亚、中亚和非洲等国家。空气过滤器是吸气式内燃机必备的保护装置,通过本节的学习,激发了学生科技报国的家

国情怀和使命担当。

第二类是洁净空间空气过滤器。当前，我国高端电子芯片的生产受制于发达国家，生产环境的洁净空间，是电子芯片生产的必要条件。以半导体的晶片来说，64K比特级的电路的最小线宽是 $2\mu m$。为了进行可靠性的加工，连只有线宽尺寸的粒子也必须清除掉。全球半导体芯片的竞争已进入兆比特级，空气净化技术的精密度影响高端芯片产品的质量。制药行业中，药品的生产也必须在洁净无尘环境中，洁净室是以微粒和微生物为主要控制对象。所以发展高端非织造过滤材料，是电子芯片、制药等其他高端行业发展的基础之一，是科学发展观和爱国主义的实践教学。

第三类是控制烟尘空气过滤器。控制烟尘粉尘排放，保护地球环境。几年前，每到秋冬季节，我国华北及北方地区雾霾现象比较严重，雾霾富含大量对人体有毒、有害颗粒物质，且在大气中的停留时间长、输送距离远，因而对人体健康和大气环境质量具有很大的影响。工业排放的大气污染物以高温烟气为主要特征，烟尘类颗粒物为主要控制对象之一，而袋式除尘技术可有效控制高温烟气中的烟尘排放，被广泛应用于电力、水泥、钢铁、垃圾焚烧等多个工业生产领域。非织造材料一般是应用于过滤材料的较好选择，其主体是由纤维与纤维间互相构成的网状结构，因纤维弯曲使其具有弯曲孔道。同时，纤维与纤维交叉使其有较高的孔隙率。通过纤维原料的选择和加工方式的不同及后整理可以获得不同孔隙率和孔径的材料，由耐高温过滤材料制成的耐高温滤袋是袋式除尘器运行过程中的核心部件。耐高温非织造除尘滤袋，在燃煤电厂及炼钢企业的大烟囱上的高温烟气过滤作用，有效降低和减少烟尘排放。通过本节学习，培养学生环保意识和家国情怀，树立"绿水青山就是金山银山"的环保意识，以系统工程思路抓生态建设。

在"膜过滤材料及其应用"这一章，结合超纯水的应用，讲授污水过滤处理技术，海水淡化过滤的重要意义。自然界中，水是一种分布最广的资源，海洋、湖泊、冰川、江河、积雪、地下水、土壤水以及大气水等是水的主要呈现形式，然而，可供开发的淡水资源只占总量的 0.3%，淡水作为一种宝贵的自然资源和人类赖以生存的必要条件却在人类的生产活动和生活中受到污染，丧失了使用价值，因此，污水处理成为当今时代的重点问题。在水资源缺乏和污染日益严重的情况下，膜过滤技术得到了全世界的高度重视，是当代新型且高效的一种分离技术。现阶段，膜过滤技术已广泛应用在海水淡化、处理工业废水和市政污水、净化饮用水、能源、环境、冶金、石油化工、医药卫生、生化、轻工、食品、电子、重工等相关领域，对改善人类的生活环境、提高人民的生活品质和推动国家经济支柱产业的发展都发挥着重要作用。通过本章节内容的学习，激发学生科技报国的家国情怀和使命担当。

4 将课程思政融入"非织造过滤材料"课堂教学全过程

通过修订"非织造过滤材料"教学大纲，将课程思政融入课堂教学全过程中。落实到课程目标设计、教案课件编写各个方面，贯穿于课堂授课、教学研讨、实验实训、作业论文各环节。

例如，在"非织造纤维原料"这一章节，天然纤维主要是棉、麻、丝、毛等类别，最初满足人们的穿衣和被服需求。随着化学纤维的发明，纤维逐渐应用到工农业等领域，出现了功能性化学纤维过滤材料和高性能纤维过滤材料。纤维的用途逐渐产生了质的飞跃，体现了科学技术的前沿与探究精神，符合科学发展观中"量变到质变"的演变，引导学生对于中华民族富强与凝聚力，创新思维与思辨精神的思考，提升学生科学发展观的认知水平。课上与课下相互结合，课前与课后通过针对性问题为线索抛砖引玉式地展开，引导学生关注热点话题，课堂上通过讨论或演讲，课后通过线上资源、社会调研等方式，在讨论社现象与探索解决办法的过程中呈现科学的价值观和思维。

5　结束语

通过"非织造过滤材料"专业课程思政的教学和实践,学生对非织造过滤材料的发展、国家和社会需求等方面理解较为深入,科学思维和科学素养得到较好培养,具有社会责任感和担当,进一步加强了"爱国、敬业、诚信、友善"的价值观。课程思政贵在精而不在多,在进行课程思政时,从德育理念出发,不追求思政元素的数量,做到专业课程里有"思政味",学生却无被"说教感"。直击心灵的教育才是最有效的教育,才能内化于心,外化于行。

致谢

本文为浙江理工大学 2022 年校级教育教学改革研究项目课程思政项目(jgkcsz202202)和首批校级课程思政示范专业建设项目(sfzy202203)的部分成果。

参考文献

[1]　习近平. 用新时代中国特色社会主义思想铸魂育人　贯彻党的教育方针落实立德树人根本任务[N]. 人民日报,2019 - 03 - 19(1).

[2]　习近平. 把思想政治工作贯穿教育教学全过程,开创我国高等教育事业发展新局面[N]. 人民日报,2016-12-09(1).

[3]　卢爱新,丁梧秀. 新工科背景下工科专业课程思政建设的思考与探索[J]. 洛阳理工学院学报,2021(6):88-92.

[4]　许淑琴,邱晖,孟惊雷. 高校本科课程思政建设路径与机制[J]. 高教学刊,2021(11):193-196.

[5]　周洁,陈梅,刘艳丽. 理工类专业课开展课程思政的探索与实践[J]. 中国现代教育装备,2021(12):107-109.

[6]　黄雪,张步宁,舒绪刚. 化工原理教学中渗透思政元素的探索与研究[J]. 大学教育,2021(4):107-109.

[7]　李厚深,李怡靖. 思想教育和安全教育融入材料与化学专业课程中的途径探析[J]. 教育现代化,2019(11):224-225.

[8]　杜春安,王志朴,张海兵. 《化工健康、安全与环境(HSE)》课程思政教学探索与研究[J]. 高教学刊,2021(11):181-184.

[9]　贾兰,朱晶心,苗洋,等. 《高分子化学》课程思政教育的思考与探索[J]. 广州化工,2021(24):163-167.

大数据背景下传统专业创新创业教学改革的探析

秦夏楠[1,2],李妮[1]

1. 浙江理工大学,纺织科学与工程学院(国际丝绸学院),杭州
2. 浙江理工大学,材料科学与工程学院,杭州

摘　要:在大数据时代背景下,通过在传统学科学生的通识教育中以选修或个性修读的形式加入大数据分析相关课程,能够使传统学科学生掌握必要的大数据分析技能,为他们结合自身专业训练开展相关交叉内容的创新创业提供助力。本文分析了大数据时代背景下传统专业学生创新创业教育存在的主要问题,并结合实例讨论了一些具体的教学改革措施。

关键词:创新创业教育;教学改革;传统专业;大数据;数据分析

在数字化时代背景下,涌现出了诸如人工智能、数据科学与大数据技术等新兴专业[1-3]。在大数据分析技术的助力下,互联网、电商、自媒体等新兴行业为这些新兴学科背景的学生提供了大量创新创业机会[4-6]。与这些新兴专业相对应的是一些传统理工科专业,主要包括基础学科类专业和传统工科类专业。常见的传统学科专业有数理基础学科专业,生物、环境、农业类专业,机械类、冶金类、地质类和轻工纺织类专业等。尽管传统学科背景的学生的专业学习不涉及大数据相关课程,但是通过结合本专业所学技能结合计算机、大数据分析技术,传统学科学生也迎来了科技新媒体、智能制造、智能设计等大量通过新兴专业学科技能赋能的创新创业机遇[7-9]。通过教学改革,在传统学科学生的通识教育中以选修或个性修读的形式加入相关课程体系内容,能够使传统学科学生掌握必要的大数据分析技能,为他们结合自身专业训练开展相关交叉内容的创新创业提供极佳的助力。

本项目以浙江理工大学纺织工程专业为例,研究了如何对纺织专业的课程体系、教学目标及相关课程内容进行改革,以帮助传统学科学生结合自身专业训练开展相关交叉内容的创新创业。

1　大数据时代背景下传统专业学生创新创业教育存在的主要问题

1.1　课程体系、教学目标和课程内容冗余繁重

当前大多数高等院校所设立的关于大数据分析技术的课程体系主要由机器学习、深度学习、数据库、分布式系统等课程构成,具体课程的教学内容大多侧重于相关新兴技术底层原理的理论教学,辅以较为抽象的、偏重于数学推导或代码编写的实践教学。这些课程的教学目标往往不加以区分地强调学生对技术本身的掌握。对于计算机相关学科的学生而言,这样的教学内容是合理的。然而,对于传统学科的学生而言,尤其是想要以利用大数据分析技术结合本专业知识进行创新创业的学生而言,这样的教学内容却并不一定适合。

传统学科学生在开展创新创业活动时,大多并不需要像掌握本专业知识那般对这些大数据分析相关技术有从底层开始的、彻底的掌握程度。在开展此类创新创业实践时,

传统学科的学生所需要具备的是"了解"程度的掌握，即掌握一些大数据分析软件的使用方法，或是能够自己编写代码调用一些已经封装好的大数据分析代码库，而不是具备从底层开始把所有的程序均自主实现的能力。因此，我们认为针对欲结合大数据分析技术进行创新创业的传统学科学生，大数据分析相关课程的课程体系可以进行很大程度的优化精简，课程所制定的教学目标可以更加侧重于知识要点的了解，教学内容可以更加偏重于实践教学。

1.2　缺乏创业内容的体现

现有的大数据分析的课程体系及相关课程的教学目标与内容中鲜有加入创新创业元素。现有课程主要还是强调专业知识本身的教学。这对想要利用相关专业知识进行创新创业的学生而言是不友好的。

1.3　缺乏知识体系的交叉融合

目前我国在大数据分析相关领域走在世界前列，各大高校也都十分重视大数据分析相关内容的教学，开设了不少相关课程。我们在中国大学 MOOC 等平台上能找到大量的大数据技术相关的课程，也能找到不少将传统学科专业知识与创新创业结合的课程（例如成都中医药大学的"中医药创新创业"、广东轻工职业技术学院的"电商创新创业"和北京体育大学的"体育创新创业教育"）。但是，没有发现与大数据分析直接相关的创新创业课程内容。将某一传统专业学科与大数据分析技术结合，并加入创新创业元素的课程和教育性内容更是鲜见。

目前存在的大数据分析相关技术的教学，并没有考虑以上三大要点。鉴于此，我们拟对大数据分析技术相关课程的课程体系、课程设置的教学目标和教学内容进行教学改革，以助力传统学科学生在大数据时代背景下更好地开展创新创业（图1）。

2　教学改革内容

针对传统学科学生将本专业知识与大数

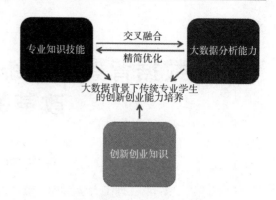

图1　大数据背景下传统专业学生创新创业
能力培养的方案结构图

据分析技术结合进行创新创业这一背景，对现有的大数据分析相关课程体系、课程教学目标、教学内容进行综合改革，使新的课程体系、新体系下的相关教学目标和内容精简化、完善化，并融入创新创业元素；使其能够支撑传统学科背景的学生结合大数据分析技术进行自主创新创业。

2.1　课程体系的改革

在原有课程体系下，大数据分析技术的课程体系由多门课程组成，包括"Python 程序设计""机器学习""数据库技术"等；此外，这系列课程教学的实施也需要大量相关的前置课程作为课程体系的支撑，包括"高等数学""线性代数"和"概率论与数理统计"等。

对于传统学科背景的学生而言，课程体系的设计应力求精简与实用，不应将课程体系分散于大量课程中。因此，应精简现有体系，将实施必要的大数据分析技能进行集中编汇；同时，应该在每门课的教学过程中注重创新创业元素的加入，因此可以考虑加入 1~2 门介绍创业基础知识的课程，使学生能够更好利用大数据分析技术结合本专业的知识进行创新创业。

2.2　教学目标的改革

目前，大多数大数据分析技术课程的教学目标存在问题，导致课程教学目标与学生利用大数据分析技术结合自身专业进行创新创业这一需求存在较大程度的不匹配。其一，教学目标过于偏重于数学推导、代码编写或数据库相关概念本身的掌握,而缺乏将这些内容运用于实际问题中去的实践性教学目标;其二,很少有教学目标涉及"创新创业",即教学目标中缺乏创新创业元素的融入。为此,针对传统学科背景的教学对象,应对相关课程的教学目标进行改革,加入针对传统学科背景学生创新创业所需的大数据分析技术相关课程的教学目标。改变注重底层数学推导、代码编写和数据库相关技术讲解的传统大数据分析技术教学的教学目标,将教学目标设定为偏重于实践与实用;切实考虑传统学科背景学生的专业背景起点,弱化一些理论性的教学目标,多一些实用性的教学目标;此外,应明确教学目标中的"创业"属性。

2.3　教学内容的改革

在坚持课程思政内容融入教学内容的前提下,重新审视大数据分析技术相关课程的教学内容。针对传统学科背景的学生,添加必要的前置知识的教学内容,精简过于底层、过于偏重理论的教学内容,加入结合实际案例综合运用实现的内容。应切实考虑传统学科背景学生的专业知识体系和起点,同时注意在课程体系中的"创业"要素的体现,将大数据分析相关教学内容和要点中偏纯理论的部分弱化,将注重实践、应用和体现创新创业元素的部分升级深化。

3　实例分析

以浙江理工大学纺织工程专业为例,进行了如下教学改革探索。

3.1　课程体系改革的探索

将课程体系铺展在全校教学资源系统上,充分利用全校性通识教育课程,维持了培养方案中原本有的"Python 程序设计""概率论与数理统计"等通识基础课。在这些基础课之上,添加了一门32学时的"纺织大数据采集与分析应用"专业选修课。

通识基础课是专业必修课及其他专业选修课的必要前提。新设课程与其他专业课程充分互用了前置课程,在此基础上兼顾了大数据分析与创新创业相关内容,紧扣专业毕业要求,在尽可能精简课程设置的同时做到了专业培养中大数据分析技术与创新创业教育的融入。

3.2　教学目标的改革

以面向浙江理工大学纺织工程专业本科生的"纺织大数据采集与分析应用"为例,充分考虑了纺织工程专业背景学生的基础和专业背景。与专门为计算机、数据科学等专业学生开设的大数据分析课程不同的是,我们在教学目标中不再强调对底层知识的掌握,弱化了对大数据分析、数据科学等知识的要求。大纲中强调对学生利用大数据分析知识对本专业实际问题的解决能力。课程立足于专业毕业要求。按照毕业要求,分点设定了课程目标。事实上,在工程认证的大框架下,工程教育也着重于对学生工程实践、解决实际问题能力的培养,而不强调对基本原理的深度掌握。

3.3　教学内容的改革

以面向浙江理工大学纺织工程专业本科生的"纺织大数据采集与分析应用"为例,首先,我们在课程大纲中加入了大量课程思政内容,实现了课程目标与具体教学要求的课程思政全覆盖。大纲强调对数据安全、网络安全等法律知识的普及;结合数据分析工作所需要的认真细致的工作要求,引导学生重视细节、求真务实;着重要求学生立足于学科交叉点,激发学生的创造活力。此外,强调大数据分析技术的实战使用,课程力求以理论讲授为辅,开展多种形式的课程实践和创业实践,引导学生寻找本专业中的创业点,并利用大数据分析技术解决这些创业点中的具体问题。企业是创业教育的灵感源泉。课程结合一线企业的技术需求,引导学生思考相关创业契机。课程准备了大量一线纺织企业来源的真实数据,供学生开展课程实践使用。

4　结论

本文探析了大数据时代背景下传统专业

学生创新创业教育存在的主要问题。针对课程精简、创业内容体现、加强学科交叉等问题,讨论了可能的改革措施,并结合实例加以分析。本文所讨论的内容可为高等院校传统专业开展创新创业教育提供参考。

致谢

本文为浙江理工大学启新学院、创业学院教学研究与改革项目(QC2021JG06)的部分成果。

参考文献

[1] 周傲英,钱卫宁,王长波. 数据科学与工程:大数据时代的新兴交叉学科[J]. 大数据, 2015(2):10.

[2] 贺文武,刘国买. 数据科学与大数据技术专业核心课程建设的探索与研究[J]. 教育评论, 2017(11):5.

[3] 独乐. 大数据在高校教育管理中的应用及其影响:评《基于大数据的高校教育管理研究》[J]. 教育发展研究, 2021(5):1.

[4] 欧阳小仙. 基于智慧校园的高职院校就创业大数据信息化建设路径研究[J]. 电脑知识与技术, 2021,17(34):252-253,256.

[5] 王正位,李梦云,廖理,等. 人口老龄化与区域创业水平:基于启信宝创业大数据的研究[J]. 金融研究, 2022(2):18.

[6] 张春生. 基于智慧校园的高职院校就创业大数据信息化建设路径研究[J]. 2020,22(4):26-29.

[7] 张洁,吕佑龙,汪俊亮,等. 大数据驱动的纺织智能制造平台架构[J]. 纺织学报, 2017,38(10):7.

[8] 左文龙. 大数据应用:机械制造水平提升的新路径[J]. 信息记录材料, 2018,19(2):2.

[9] 温孚江. 农业大数据与发展新机遇[J]. 中国农村科技, 2013(10):1.

"双碳"背景下"环境保护概论"
课程思政建设探索与分析

浙江理工大学,纺织科学与工程学院(国际丝绸学院),杭州

摘　要:环境保护类课程的思政教育工作水平与能否实现"双碳"目标具有直接关系。本文以"环境保护概论"课程为例,探讨如何培养具有爱国爱家情怀和较强社会责任感的高素质技能型人才。对"环境保护概论"思政教育与专业教育的有机融合进行研究,以环保、安全、健康意识与绿色发展理念为课程思政建设核心点,将社会热点事件、思政教育元素、授课方式有效融合,改革课程教学方式,分析了课程教学实践的预期效果,旨在为环保安全类课程思政建设提供有益的探索,并对环保类专业课程与思政教育的融合发展策略进行展望,从建设必要性、模式改革、实施路径三方面进行了详细阐述。

关键词:"双碳"目标;环境保护;课程思政;融合机制

在联合国第 75 届一般性辩论大会上,习近平主席宣布,我国将力争 2030 年前实现碳达峰、2060 年前实现碳中和。"双碳"目标被认为是一场广泛而深刻的经济社会系统性变革[1]。对于我国发展而言,要把碳达峰、碳中和纳入产业绿色转型升级建设整体布局,必须坚持从工业、高校、科研机构等多方面入手对现有的发展体系进行改革[2]。其中,高校肩负着培养高素质技能型人才的重要责任,对于我国"双碳"目标的实现具有重要作用[3]。2016 年 12 月,习近平总书记在全国高校思想政治工作会议上强调要用好课堂教学这个主渠道,思想政治理论课要坚持在改进中加强,提升思想政治教育亲和力和针对性,满足学生成长发展需求和期待,其他各门课都要"守好一段渠,种好责任田",使各类课程与思想政治理论课同向同行,形成协同效应[4]。因此,本文针对"环境保护概论"课程思政建设进行分析,旨在完善高校环保类课程思政教育体系,为我国实现"双碳"目标提供帮助。

本课程兼有环境类课程的特点,环境类相关课程的思政研究中,先前的环境类思政课程中初步探索了环境影响评价课程思政的设计;随后提出了环境监测课程的思政方法、具体路径和详细案例;最近的环境类思政课程提出在环境监测课程中,构建知识传授、能力培养和育人"三位一体"的教学模式;并有教学团队深刻探讨了环境保护概论课程的思政实践[5-6]。以上环境类课程思政的内容和具体经验为本文提供了有益参考。

1 "环境保护概论"课程思政建设的必要性

1.1 培养对象

作为高等院校本科选修课,"环境保护概论"在专业课程中占有非常重要的地位。"环境保护概论"思政建设课程的培养对象是本科大学生,他们的世界观、人生观和价值观深受互联网、多媒体等的影响,部分学生社会主义核心价值观较弱,对传统的思想政治教育内容和方法缺乏热情[7]。高校学生在思想政治理论课上抬头率不高、课堂教学效果不理想的情况较为普遍。根据某官方调查报告显示高校中相当一部分同学对思政理论课的开展效果不是很满意,尤其是在某专业课或选

修课的思政建设方面不够积极。

由于各种原因,高校专业课程与思政课程在世界观、人生观、价值观塑造和引领方面可能存在一定程度的各自为政现象,严重时可能在某些方面出现价值冲突的局面[8]。因此,面对这种新情况所带来的压力和挑战,"课程思政"这种新型思想政治教育模式显得颇为重要[5]。因此,高等院校的大学生在学校需要注意环保意识的培养,特别是在"环境保护概论"的教学过程中。在"双碳"目标背景下,要以学生为中心,结合企业生产实际,注重环保意识的培养,使企业更加注重环保意识的培养。

1.2　培养目标

结合国家发展需求与人才培养要求,设置更加科学的考核评价体系,在相应课程内容结束时要及时进行线上双点题:知识点点题,思政点题,激发现代大学生的学习主动性,达到较好的学习效果[9]。着力培养学生环保、安全、质量意识,提升学生的职业素养和法治观念,使之成为共产主义理想信念坚定、环保技能合格的专业人才。不仅要提高学生的知识水平,而且要培养学生的思想道德素养。同时结合我院办学特色,以环保中心工作和区域经济社会发展的需求为导向,以"立德树人"为根本,做到所有课程都有育人功能、每位教师都须承担育人职责。

"环境保护概论"课程为浙江理工大学本科生的选修课,通过本课程的学习,系统地掌握环境科学的基本原理、基本方法,较全面掌握水与废水处理、水质管理、空气污染、噪声污染、固体废物管理和电离辐射等基本概念、原理和工艺特性等,了解跟生活相关领域的环境问题和现象的解决方法,了解生物污染的特点及其防治,并对城市的环境问题及改进途径,城市生态系统的特点和功能做简要介绍;同时,了解相关的人口与环境,能源与环境,可持续发展,环境污染与人体健康之间的关系,让学生全面了解与环境保护有关的基础知识,为以后在工作和学习中正确认识环境问题和解决环境问题打下基础。但是随

着高校教育教学改革的推进,以及理工类专业人才培养目标的高要求,该课程传统教学模式已不能适应当前的形势变化,教学过程中面临着一些困境。

该课程主要任务是提高学生的环保意识,增加学生的环境保护知识,培养学生在实践中和今后工作中重视环境保护的意识和能力;培养学生良好的思想品德、职业素养,分析和解决问题的能力。通过教学,一方面拓宽和深化学生对环保的基本知识。学生在掌握自己专业知识的同时,要掌握环保的基础知识,并将两者结合起来,理解环保部分的概念。另一方面,学生能够自觉地把污染控制和污染排放最小化放在今后的学习、研发以及管理等工作中的重要位置。使学生在专业学习之初,在提升环境保护专业的基础知识、基本技能和职业素养的同时,培养科学精神和职业操守,树立节约意识、生态意识和环保意识,以便更好地服务社会。

2　教学模式改革

2.1　改革教学方法

"双碳"背景下,"环境保护概论"课程思政建设应充分利用现代先进教学手段,打造优质资源共享课程,利用雨课堂等线上教学工具,提高学生的学习热情[10-11]。充分利用国家教学资源库中的优秀资源,结合自身特点,学习课程设计、教案、课件、视频、案例等。

主要从以下几个方面运用现代先进教学手段进行教学方法改革:一是增加视频教学内容,方便学生通过回顾教学视频及时复习和巩固所学习知识;二是引入校企合作,与环保类公司共建"校企同步平台",搭建学习中心平台,通过视频授课方式向同学分享企业先进环保技术手段,也可以实现学生理论学习和生产过程实时互动并进行远程培训教学;三是开展数字化教学资源建设。

2.2　丰富案例教学

"双碳"背景下,"环境保护概论"课程思

政建设要充分利用互联网收集真实案例,特别是本地区实际案例[2]。将课程内容与周边企业案例相结合,边学习边分析。聘请企业专家或现场案例分析,对学生案例进行实操点评,充分调动学生学习兴趣和积极性。

"双碳"背景下,"环境保护概论"课程思政建设最好依托校企合作企业,组织学生参观实践化工企业,让学生深入了解企业如何开展环保更贴近实际,培养学生的环保意识[12]。使学生充分利用实习机会,广泛了解企业所面临的环保问题,并对企业所采用的技术、方法和问题进行比较分析,最后形成自己的观点和看法,将理论应用于实践。

主要从以下几个方面进行分析:一是对杭州市工业、轻工业、食品厂、制药厂等老厂环保问题进行分析,并就"双碳"目标提出控制和改革措施。用真实案例激发学生的学习兴趣。二是聘请相关企业环境专家对学生案例分析进行点评,从企业角度出发,更加实事求是,激发学生的学习兴趣,提升学生的课堂参与度。

3 "双碳"背景下"环境保护概论"课程思政建设思路与实施路径

3.1 "双碳"对"环境保护概论"课程思政建设的影响

"双碳"目标的提出对"环境保护概论"课程思政建设具有一定的督促和引导作用。这就要求高等教育阶段培养学生节能减排与绿色转型意识,实现对人类美好生存环境的渴望与追求。但从本质上看,"双碳"和课程思政都是人们对美好的世界追求过程中所渴望的某种境界[1]。因此,"双碳"目标本身与思政教育之间相互关联且相互渗透,"双碳"目标可以推动学生对环境的保护意识并加强对学生的德育工作和思政教育,而课程思政则能够通过塑造环境保护提高大学生未来在岗的综合素养。

3.1.1 资源现状

资源国情教育主要涉及自然资源、人口增长与环境等章节,通过本部分教学,让学生深刻认识到我国当前资源现状的基本国情[7]。

通过解读我国最新环境保护政策和相关报道,充分了解我国大气、水、能源等要素的环境现状,让学生明确,我国现阶段生态环境保护工作的重点,同时也需要明确所有的国民经济各类生产、生活活动以及资源开发活动均需要以环境质量现状为基础进行。

另外,通过对人口增长的特征以及对资源环境的影响,以及现阶段我国人口的特征分析,使学生树立正确的人口观以及对我国现阶段人口政策产生共鸣。自然资源部分,在充分认识到地大物博的前提下,理解各类自然资源都具有稀缺性、地域性等特点,引导学生树立合理开发、节约利用各类自然资源的意识。能源部分,深刻认识常规能源和新能源的特点,以及各类能源在开发利用中的优势和弊端,充分认识我国目前的能源利用形势。

3.1.2 可持续发展思想教育

通过本课程的学习,去深入学习和贯彻执行可持续发展。"人与自然和谐相处"的绿色文化:大自然是人们赖以生存的环境,人们应该尊重自然、保护自然。可持续发展是指既满足现代人的需求又不损害后代人满足需求的能力。即经济、社会、资源和环境保护协调发展,其是一个密不可分的系统,既要达到发展经济的目的,又要保护好自然资源和环境,使子孙后代能够永续发展和安居乐业。可持续发展的核心是发展,但要求在严格控制人口、提高人口素质和保护环境、资源永续利用的前提下进行经济和社会的发展。

通过对人与自然相关关系章节部分的学习,深刻认识人类与自然之间的相互关系,自然环境为人类提供生存发展的基础,同时也为人类提供废物消化和同化功能。因此,引导学生树立坚定的可持续发展观念,认识"人与自然和谐共生"思想的重要性,并在未来的学习和工作中为之奋斗。

3.2 "双碳"背景下"环境保护概论课程"与思政建设的融合

首先,"环境保护概论"与思政建设的融合是在"双碳"背景下的环境专业课程与思想政治建设的结合点。通过多学科、多知识体系构建与思政教育的理论体系相互借鉴并融合。将环境保护概论中的工匠精神、制造业绿色转型升级等与思政教育进行结合[3]。牢牢把握产业发展、"双碳"、思政三者的联系,构建适当的课程思政教学体系将其应用到环境保护概论的课程建设中。

其次,改变传统灌输式的思政教育工作,从根本上降低思政教育工作的难度,使学生更容易接受思政教育的根本。高校环境保护概论可以借助微信、微视频等平台创作环保概论与思政教育融合的课程,学生则可以通过观看短视频等较为轻松的形式进行学习,将新媒体平台当作一种专业课与思政课融合学习的新平台,达到在更加轻松的环境下同时开展思政教育和专业课教育的目标。

最后,实现课程思政与专业课的有机融合。在环境保护概论中大力开展思政实践教学,通过实践将德育工作、社会主义核心价值观教育工作中的部分内容融入环保产业实践工作,能够充分体现思政课的全面育人特征,提升思政教育本身的趣味性,将思政教育与环境保护概论教育高度融合。

"双碳"背景下"环境保护概论"课程与思政建设的融合机制包括以下几点。

首先,课程章节设置方面,环境保护概论在"双碳"背景下开展课程思政建设需要对该课程的教学内容、教学大纲、教学目标以及考核方式等内容进行相关的课程改革,使该课程的教学更能符合当下"双碳"发展的需求,更能满足大学生的学习发展模式,实现专业课程与思政教育的衔接与有机融合。

其次,是对融合方法的探索。如果想要将环境保护概论课程融入思政教育,并且结合当下发展需求,这将是一场时代产物的改革,需要经过长时间反复尝试与修改才能完成。环境保护概论思政课程的融合需要通过对原有教育目标和模式进行全面改革,在教育目标方面以塑造符合"双碳"需求且具有较高思想道德修养的环境保护概论人才为目标进行人才培养,在课程讲授过程中更加注重培养学生的环保理念。

最后,是对每一位教师提出变革要求。对于一门优质课程来说,优秀的教师队伍是促进其发展的关键因素。针对环境保护概论课程应根据自身的办学条件和学校未来的教育目标规划,充分提升专业课教师的思政教学水平及思政课教师的教学水平,通过改革教师教学方式,培养教育理念和模式先进的教师,构建层次分明、结构科学、分工合理的教师团队,为不断深化环境保护概论课程思政改革打下坚实的基础。

4　结语

"环境保护概论"教学经过改革和新教学模式的实施,同学们掌握了环保入门的基本知识,培养了环保意识,树立正确的人生观和发展观。当然,课程改革是一个永无止境的过程,我们需要不断适应社会发展的需要。"双碳"是未来我国制造业绿色转型升级的重要目标。对于我国的环境保护现状而言,开展课程思政教育既是本专业培养复合型人才所必须采取的措施,同时也有利于环境保护概论优化人才结构使产业发展与"双碳"目标更为契合。在我国环境保护概论课程思政建设环节,高校、教师必须坚持教学原则、融合机制改革并采取必要的举措,如实施思政课教学效果提升方案等,加强本专业课程思政建设,使"环境保护概论"课程思政建设内容为"双碳"目标的实现贡献一份力量。

致谢

本论文为浙江理工大学 2022 年校级教育教学改革研究项目课程思政项目(jgkcsz202202)和首批校级课程思政示范专业建设项目(sfzy202203)的阶段性成果。

参考文献

[1] 王瑞月."双碳"背景下皮革专业课程思政建设探索与分析[J].中国皮革,2022,51(11):62-66.

[2] 张涛,王秋红.高职院校专业课课程思政教学改革探索[J].产业与科技论坛,2022,21(14):3.

[3] 徐黎黎,龚锡平,任冬燕.环境保护课程在化工专业的实践与探索[J].化工管理,2022(26):3.

[4] 张风丽.基于混合式教学的《资源与环境经济学》课程思政实践探索[J].湖北开放职业学院学报,2022,35(20):3.

[5] 石晓然,刘行,王昭允,等.海洋环境监测与评价课程思政探索与实践[J].海南热带海洋学院学报,2022,29(5):5.

[6] 万茂松,孙嵩松.基于专业认证的"汽车构造"课程思政元素设计[J/OL].当代教育实践与教学研究(电子刊),2021(1):203-204.

[7] 袁素芬,于江丽,方丹彤.《环境保护概论》课程中的思政元素挖掘与探索实践[J].中国多媒体与网络教学学报(中旬刊),2020(4):176-178.

[8] 滕辉,何兰,王岩,等.基于课程思政的医学院校数学课堂教学研究[J].中国继续医学教育,2022,14(13):179-182.

[9] 陈海峰.《环境保护与化工安全》课程思政教学设计与实践[J].广州化工,2022,50(16):3.

[10] 杨柳,刘高阳.基于PBL教学法的环境设计类课程思政教学研究[J].大众文艺,2022(19):123-125.

[11] 汪利,周达勇.基于OBE理念的课程思政教学研究:以会计学专业为例[J].财会通讯,2022(14):4.

[12] 石碧清,程颖,曹东杰,等.混合教学模式下《环境监测》课程思政探索与实践[J].河北环境工程学院学报,2022,32(5):4.

纺织材料与检验模块课程设置探讨

李妮,张华鹏,潘天帝

浙江理工大学,纺织科学与工程学院(国际丝绸学院),杭州

摘　要:本文介绍了浙江理工大学纺织工程本科专业下纺织材料与检验模块的课程设置情况,并对课程进行了讨论分析。

关键词:纺织材料;检验;课程

目前,纺织材料的应用越来越广泛,涉及医用、建筑用、土木工程用、航空航天等各个领域[1-2]。本校纺织工程本科专业设四个模块,分别是机织工程与贸易、针织工程与贸易、纺织材料与检验和纺织品设计。

纺织材料与检验模块设置有1个教学班,每年约30名学生。该方向要求学生具有扎实的纺织材料与工程领域中的工科基础知识和专业知识以及一定的纺织品检验知识,具备综合分析和解决纺织材料质量检验和工程技术问题的能力。能运用已掌握的知识、方法、仪器来检测和评价纺织材料的结构、性能和使用及加工特性;能在检测和评价的基础上,提出和解决纺织工程和消费使用中的技术问题;能从事对纺织材料改善和新型纺织材料的研究、设计、成形和应用工作;能在纺织品流通领域从事检验工作。

纺织材料与检验模块要求学生以纺织类专业的基本理论和专业知识为基础,系统地学习纺织产品的生产原理和制备技术,掌握纺织材料的结构、性能及其之间的相互调控关系,能进行纺织新材料结构和功能设计,并具备纺织科学研究和纺织品检验的基本能力。

纺织材料与检验模块课程设置如图1所示。

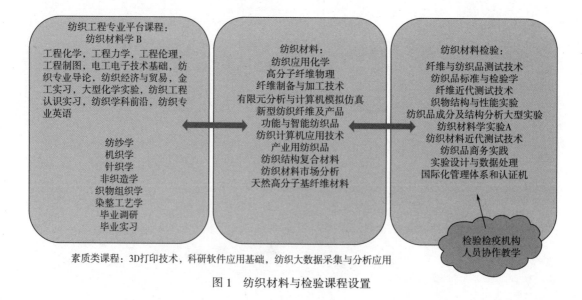

图1　纺织材料与检验课程设置

由图可看出,纺织材料与检验模块课程主要分成四块,它们是纺织工程专业平台课程群、纺织材料课程群、纺织品检验课程群和素质类课程群。

纺织工程专业平台课程群包括纺织材料学、纺纱学、机织学、针织学、非织造学、染整工艺学等课程。按照工程认证的要求,通过这些课程的学习,学生应具备纺织工程领域的工程基础知识和专业知识,能够在一定程度上解决纺织工程领域的复杂工程问题。"纺织材料学"是纺织材料与检验模块核心课程,该课程也是纺织工程专业学生的专业基础必修课,是学生最先接触到的专业课程之一,同时也是纺织工程学生考纺织类硕士研究生的必考课程。开设时间在第3学期,总学时48学时,并配备"纺织材料学实验课"。"纺织材料学"也是目前国内各纺织院校的平台课程,在纺织人才培养和学生后阶段的学习和科研方面发挥着重要作用。

纺织材料课程群包括纺织应用化学、高分子纤维物理、纤维制备与加工技术等课程。通过这些课程的学习,学生能够掌握纺织材料的形貌结构和性能,分析形貌结构和性能之间的关系。"纺织应用化学"是面向纺织工程专业全部学生开设的一门必修课。本课程的主要内容是在高分子化学的基础上,对合成纤维的合成路线和结构与性能、纤维素纤维加工化学、蛋白质纤维加工化学、纺织工业中常用的表面活性剂、浆料和黏合剂等进行讲授,将纺织工业中所涉及的化学知识与现代纺织技术基础紧密结合起来。通过本课程的学习,使学生较系统地掌握纺织工业中所涉及的常用化学理论知识,明白这些化学知识对纺织工业的推动和发展的重要意义。这门课程的学习可为该专业的学生储备扎实的纺织应用化学理论知识。"高分子纤维物理"是针对纺织工程专业纺织材料与检验模块的学生开设的一门必修课。考虑到纺织品材料与检验模块培养计划中涵盖纺织材料学、纺织物理方面的等专门课程和知识,根据本方向培养需要,"高分子纤维物理"主要向学生教授"高分子物理"基础知识,以提高该模块

学生的专业基础理论知识素养。"高分子纤维物理"研究高分子材料(尤其是化学纤维材料)的结构与性能之间关系的一门科学,与高分子材料的结构检测、性能分析、分子设计、改性方法、实际应用等都有非常密切的联系。目前常见的纺织纤维材料和纺织助剂绝大部分都属于高分子材料,因此,"高分子纤维物理"方面的知识是纺织材料及其相关专业的必不可少的专业技术基础课之一。通过本课程的学习,使学生掌握高分子物理基本概念,理解高分子物理基础知识,在一定程度上掌握高分子材料结构与主要物理性能之间的内在联系。纺织材料与检验模块学生通过学习"纺织应用化学"和"高分子纤维物理",为后续专业课打下坚实的理论基础。

纺织检验课程群包括纤维与纺织品测试技术、纺织品标准与检验、纤维近代测试技术等课程。纤维与纺织品测试技术是纺织材料与检验模块学生的一门专业必修课。该课程表征纺织材料的结构与性能、对纺织材料的质量进行检测和控制以及对纺织品质量进行评价。"纤维与纺织品测试技术"课程重点讲述测量仪器与误差、纺织材料与纺织品的品质指标、纺织材料的物理、力学、服用性能的测试仪器、测试原理和测试方法。"纺织品标准与检验学"重点讲述纺织标准与标准化、纺织品检验基础知识、典型纺织品的品质和功能性以及安全性检验的内容和方法。其教学任务是通过学习,使学生对纺织品检验有系统地了解,初步具备进行纺织品检验的能力,为今后从事专业领域的生产、管理、贸易打下基础。该课程群以实践课程为主,由于学校场地等资源有限,将尽可能地结合校外各检验检测机构进行教学。

素质类课程包括科研软件应用基础、纺织大数据采集与分析应用等。随着科学技术的发展,越来越多的高新技术融入传统的纺织领域。通过这些课程的学习,学生能够具备把相关技术和纺织技术相结合的能力,从而与时俱进。

这些课程群相互关联,互相影响,其中专业平台课程是其他课程的基础,纺织材料课

程群是核心,通过学习纺织材料相关知识,能够指导学生把各种各样的纺织材料应用于纺织生产,并为纺织材料的检验提供理论基础,纺织材料的检验反过来又可以对纺织材料进行设计,从而提高纺织生产及产品的质量。

致谢

本论文为浙江理工大学纺织科学与工程学院教学研究与改革项目(2019sylxx003)。

参考文献

[1] 李潇鹏,徐倩蓝,李正,等.纺织材料在建筑中的创新应用[J].毛纺科技,2022,50(09):94-98.

[2] 隗元昭,姜敏.高性能纺织材料在军用帐篷方面的应用及发展前景[J],纺织报告.2022,41(9):41-44.

"国际贸易与国际金融"课程混合式教学改革

严小飞[1,2],田伟[1],祝成炎[1],金敬业[1]

1. 浙江理工大学,纺织科学与工程学院(国际丝绸学院),杭州
2. 浙江理工大学,浙江省现代纺织技术创新中心,绍兴

摘　要:随着社会的不断进步,国际商务企业对于国际商务人才素质的需求也在相应地提高。但是在高校"国际贸易与国际金融"教学中存在着许多束缚,教学方式单一化,内容陈旧化等,要想培养出满足市场需求和"双循环"背景下的高素质国际商务专业人才就需要改革传统的教学方法。而混合式教学就是一种很好的方法,可以取得较好效果,值得推广和应用。

关键词:国际贸易;混合式教学;改革

从目前我国关于"国际贸易与国际金融"课程的教学模式来看,知识传授仍然是一种相对单一的模式,主要由教师课堂讲授、学生倾听。从教学内容来看,部分课程内容相对落后,不符合国际贸易的最新趋势和社会需求。现在大学生多是"00后",思维活跃,接受新事物的能力强,但容易受到外部环境的影响,因此,教师应根据"国际贸易与国际金融"课程的特点正确引导学生[1]。随着高等教育信息化的浪潮,教学模式、教学内容和教学形式不断创新,"互联网+"的快速发展拓宽了移动技术和混合教学的正式应用[2],智能技术打破了传统数学课堂的束缚,使优质教育资源得以大量流通和更新,大大扩大了教育范围,促进了人才培养。智能技术与高校混合教学的融合是新时代"国际贸易与国际金融"教学改革的必然趋势[3]。

混合教学是传统课堂和在线学习的结合,是结构化和非结构化学习、个性化学习和实时协作、理论融合和资源融合等几个方面的混合,其以信息技术为支撑,以先进的教学理论为指导,突破时间和空间的限制,可有效整合传统教学和网络教学的优势以实现教学方法的最佳教学效果[4-5]。到目前为止,混合教学的内涵更加丰富,不仅包括线上与线下教学的混合,还包括教学媒介、教学方法、评价方法等教学要素的混合[6]。

1　构建教学体系

教师应努力学习现代教育信息技术,掌握混合式教学改革所需的网络知识,灵活运用在线和离线教学方法,合理安排教学内容,将线下课堂和线上教学有机结合,与每一位学生进行线上和线下的沟通,深入开展教学改革。网络教学的设计应该充分考虑传统课堂教学的过程,并且二者应该紧密相关,智能技术支持的"国际贸易与国际金融"混合教学应将传统课堂的直观性与网络课程知识的差异性结合起来,使不同的学生能够充分发挥主观能动性,取得进步。在教学计划的实施中,教师要准确地了解学生的学习风格,准确地掌握学生的学习情况,然后进行适当的干预以调整教学计划。

2　教学改革措施

网络教学在一定程度上可以弥补传统教学的不足,但不能完全取代传统教学,以线下为主,线上为辅。"国际贸易与国际金融"课程理论点繁杂晦涩,学生难以理解,即使能理解理论知识也难以将理论落实到应用层面。

教师在课堂上需灵活运用各种教学方法帮助学生开拓思路、加深理解、培养能力。教师在线下可多与学生互动，采用案例教学法，将真实国际贸易案例导入课堂，教师选取的案例要求富有启发性、时效性，能解读国际贸易发展中的现状及存在的问题，触发学生自主思考，让学生充分理解专业知识在解决实际问题中起到的作用。课后学生可通过中国慕课、学习通等学习网站对课堂知识梳理及时查漏补缺。教师线上指导学生以多样化方式及平台获取外贸信息最新动向，例如阿里巴巴国际站、世贸论坛、eBay 等外贸操作平台或论坛，使学生从中学到市场发展动向，触及现实外贸运营环境，培养自主学习能力。

3　多维考核方式

"国际贸易与国际金融"多维考核方式主要包括出勤状况、学习状况、作业状况、实践能力测评、案例分析、自我汇报和小组成绩等，构建多环节、多维度混合式考核体系，在增加平时线上学习成绩比重的前提下实现线上考核。课前预练习、课后即时反馈、期末检测评估、持续改进提升，整体循环推进动态调整。在过程考核方面，借助网络教学平台并结合学生每日在线学习状态对其章节测验，将作业及主题讨论完成情况进行汇总，把学生课上课外、线上与线下学习结果都纳入评价体系之中，对学生学习结果及差异化能力进行全面考核，并在作业上增加了学生自评及组员互评等环节，调动学生学习动力，提高学生比学追赶的积极性。

4　结语

以智能技术为支撑的"国际贸易与国际金融"混合教学模式是一种适应新形势的教学模式。它拓宽了教学的方法和途径，丰富了教学内容，培养了学生的信息化学习能力和发现问题、解决问题的能力。通过网络教学平台、云课堂等信息技术形式与课堂教学相结合，促进了教学模式的创新与发展。因此，这种新的教学模式值得深入研究和大力推广，可以为其他高校的教学改革提供有益的借鉴和帮助。

致谢

本文为浙江理工大学纺织科学与工程学院(国际丝绸学院)教育教学改革研究一般项目的部分成果。

参考文献

[1] 汤飞飞, 段辉军, 李忠怡. 高校"00 后"大学生社会责任意识与担当教育研究[J]. 成才之路, 2022(26):1-4.

[2] 冯晓英, 王瑞雪, 吴怡君. 国内外混合式教学研究现状述评:基于混合式教学的分析框架[J]. 远程教育杂志, 2018, 36(3):13-24.

[3] 孙娜, 刘永良, 孙向南. "互联网+"新时代背景下混合形态教学模式构建[J]. 计算机教育, 2019(3):102-106.

[4] QUARTZ K H, MURILLO M A, TRINCHERO B, et al. Framing, supporting, and tracking college-for-all reform[J]. The High School Journal, 2019, 102(2):159-182.

[5] 凌小萍, 张荣军, 严艳芬. 高校思政课线上线下混合教学模式研究[J]. 学校党建与思想教育, 2020(10):46-49.

[6] LI G, LI N. Customs classification for cross-border e-commerce based on text-image adaptive convolutional neural network[J]. Electronic Commerce Research, 2019, 19(4):779-800.

"纺织 AutoCAD"课程教学改革探索

刘赛,江文斌

浙江理工大学,纺织科学与工程学院(国际丝绸学院),杭州

摘 要:基于新时代高等教育任务和一流本科专业建设对人才培养的要求,为有效提高"纺织 AutoCAD"课程的教学质量,本文围绕教学大纲改革、教学方法改革和课程思政三个方面展开,探讨教学目标、教学内容和教学方法的优化方案,以培养学生创新意识和实践能力。

关键词:AutoCAD;教学改革;课程思政;人才培养

根据《加快推进教育现代化实施方案(2018—2022 年)》精神,推动新工科、新医科、新农科、新文科建设,做强一流本科、建设一流专业、培养一流人才,全面振兴本科教育,提高高校人才培养能力,实现高等教育内涵式发展。坚持以学生为中心,促进学生全面发展,有效激发学生学习兴趣和潜能,增强创新精神、实践能力和社会责任感。

"纺织 AutoCAD"是针对本科纺织工程专业开设的一门实践必修课,其课程类别属于专业基础课,计 1.0 学分,安排在大三上学期末进行,课程基础为工程制图。教学大纲中需明确课程目标对毕业要求的支撑,分析课程内容对学生解决复杂工程问题的能力培养的支撑,并给出课程目标达成度的分析方式[1]。作为一门实践性很强的课程,若教学方式方法不恰当,易造成理论教学与实践的脱节。为了解决这个问题,可采用多媒体理论教学和设计实践结合,针对不同模块教学内容实施案例教学法、启发式教学法和反转课堂法等进行教学[2-3]。

在新工科背景下,结合产业专业技术人才素质需求,在课程建设和开展过程中,结合课程思政元素进行课程目标优化、课程内容重组和课程成效考核方式完善[4]。在课程教育实施过程中,融入思政元素,力求培养新工科背景下具有"创意、创新、创业"三创合一的纺织类人才。随着"三全育人"提出"全员育人、全程育人、全方位育人"理念,在学生步入高校时,应在重视其专业教育的同时,也要保证学生的思政育人工作。从企业对专业人才的需求情况可知,企业所需的高质量人才应具备过硬的专业知识和自我学习能力,较强的实践能力和创新创造能力,同时拥有坚定的政治立场和正确的价值观,更应具备健全的人格和较强的团队精神,能够具有客观自信、沟通协作能力、积极主动的意识、责任担当。

通过完善教学大纲,优化教学方法,引入思政元素,让学生熟练掌握 AutoCAD 绘图软件的基本功能,能熟练地应用 AutoCAD 软件绘制图样,同时提高学生的知识应用能力、分析问题与解决问题的能力,增强专业自信和社会责任感,提升行业认可度和社会整体评价。

1 教学大纲改革

培养目标、毕业要求、课程体系、课程目标、课程教学大纲是一层层递进关系,课程目标和教学内容都会在课程教学大纲中得以体现。教学大纲是落实"以学生为中心"理念的基础和抓手,但是传统大纲中"以教师为中心""以教材为中心"模式需要按照"成果导向、以学生为中心、持续改进"的要求进行重构。大纲的重构既要承接好培养目标和毕业

要求,又要对接好目标达成和持续改进。

教学大纲编制遵循"学生中心""产出导向""持续改进"三个核心要求,教学设计与教学安排紧密围绕人才培养目标和学生毕业要求的达成进行,并制定具体的细化的课程目标,依据课程目标选择优化的教学内容和合理的教学方法;根据课程目标制定考核方式,通过科学合理的教学评价实时掌握学生的学习成效,推动课程教学持续改进。由此实现课程目标、教学内容及方法、课程考核对毕业要求达成度的支撑。

在进行教学评价时,采用多维度、全过程的方式对学生能力的达成度进行评价,将形成性评价与总结性评价相结合,构建知识、能力相结合的综合评价体系。考核环节分为出勤、平时考核(课堂表现、平时作业、上机实践)和期末考核,并设置考核各环节权重。课程考核的各个环节设置评价细则,对课程目标有多维度的支撑。评价指标包含知识(知识的理解程度、掌握程度等)、能力(工程知识、解决问题能力、使用现代工具的能力等)两个方面的标准。布置课外作业让学生在完成绘制不同类型的图例过程中融会贯通,拓展所学的知识。改革考试成绩评定方式,成绩评定分为平时练习、综合练习、平时测验、期末考试等相结合的方式,以促进对学生的全面考核。

2　教学方法改革

"纺织 AutoCAD"是一门实践性很强的课程,采用多媒体现代教学手段和应用 AutoCAD 相关软件进行设计实践显得非常重要。通过多媒体的教学和设计实践,使理论教学与生产实践密切联系,教师易教、学生易学,能够取得良好的教学效果。

为了让学生理解和掌握 AutoCAD 的功能、作用,可以运用多媒体教学,将抽象的、空间概念强的零件通过造型、动画等技术生动形象地展现出来,还可将教材的例题中所用图形制作成实物模型进行演示,抽象的几何图形变得更加直观,有利于提高学生的学习

效率。建立课程建设网站,把教学大纲、教案、课件、作品、作业等内容都发布到网上,学生课余可通过互联网、校园网阅读该课程的网络资源,师生之间也可进行网上交流,从而促进"纺织 AutoCAD"课程教学质量的提高。

传统机械制图、AutoCAD 课程的教学过程主要是让学生进行大量的课程练习以促进其对相关知识点的掌握。但由于缺少师生之间的互动,致使教师对学生的学习现状掌握不够充分。在学生掌握相关基础知识的前提下,可充分利用 AutoCAD 软件的快捷性、便利性,开展翻转课堂。利用专项练习,让学生和教师进行角色互换,让学生走上讲台,演示训练项目的具体实施过程,让全体学生充分参与到对学习内容的反复讨论中,从而达到对训练知识点的充分理解和认知的目的。

"纺织 AutoCAD"是培养学生识图、绘图能力的基础课程,对学生后期专业课程的学习、未来职业方向的选定以及专业能力所能获得的高度有深远影响。然而,由于部分学生空间想象能力不足,更缺少生产实践经验,加之课程理论知识讲授较多,学生收获有限。在教学过程中,强调制图原理的主体地位,充分利用 PPT 演示、AutoCAD 软件操作等方式进行辅助教学;应确定学习目标,以任务为引导,利用 AutoCAD 软件,不断强化学生对绘图知识的理解,提高其应用水平。以基本体的投影为例,可在 AutoCAD 软件中讲授投影的对应原则、绘制方法、注意事项等,利用 Auto-CAD 软件操作的直观性,将空间想象的投影关系转化为学生能直接看到的实际结果,可极大地提高教学效果。通过 AutoCAD 随堂训练,可有效跟进各个知识点并进行强化训练,实现综合知识的运用,提高学生专业知识应用能力。

加重了习题辅导环节的课时,并适当设计讨论题,老师和学生在一起讨论,改变以往简单的老师教、学生听的学生被动接受的教学模式。在教学中,还可布置一些较为典型的任务让学生们去完成,完成后再做总结和点评。这样可树立学生的自信心,充分调动学生的学习积极性。

选择实例应当由浅入深、由简单到复杂、循序渐进,并有延续性。例如装配图的零件部分可在零件图实例中布置,可从《工程制图习题册》或 AutoCAD 教材上挑选合适的实例,还要考虑学生制图基础、看图、画图的能力等。挑选实例应注意包含相关的知识点,同时对知识结构的要求本着"够用"的原则,尽量选择有趣味性和实用性并贴近生产实际的最新图例。

3 课程思政改革

随着我国工程教育对工科类人才的要求不断提升,创新驱动发展与所需人才供给关系的结构性矛盾日益突出,服务于生产一线的应用型、综合型、创新型人才日益紧缺。高校培养和输出的工科类专业型人才应具备坚定的政治立场和正确的价值观,过硬的专业知识和自我学习能力,拥有较强的实践能力和创新创造能力,同时过程中要注重学生健全的人格塑造和较强的团队精神养成。在专业课程的培养过程中,要加强思政元素的融入,让学生在专业知识的学习过程中,养成健全的人格。通过对课程思政理念和教学目的的理解,充分挖掘课程中蕴含的思政元素。课程思政的教学内容由专业知识延续产生,为专业知识中蕴含的思政元素,与专业知识相融合形成课程思政教学内容。

在教学过程中,要根据思政元素的融入情况,积极探索新的教学形式,采用具有一定冲击力的背景案例,调动学生的学习兴趣。例如在绪论部分要以"大国工匠""中国制造"等大背景为切入点,让学生建立民族自信、爱国情怀和自身专业发展的基本认知。在教学过程中以提问的方式引导学生对问题进行思考,鼓励学生逆向创新思维,将课堂交给学生,鼓励学生勇于发言,养成敢于探索、敢于创新的精神。

4 小结

"纺织 AutoCAD"是一门实践性较强的课程,学生应熟练掌握 AutoCAD 的基本功能,熟练地应用 AutoCAD 软件绘制图样,能将数学、自然科学、工程基础知识及纺织专业知识应用于纺织工程的过程设计、比较、控制、优化和改进。通过思政元素在教学过程中不断渗入,潜移默化地帮助学生建立正确的政治立场和爱国情怀,养成健全的人格素养。同时,随着学生良好道德素养的提升,有助于学生专业知识的掌握和升华,达到共赢的成效。

参考文献

[1] 张明成,朱力杰,范金波,等.食品专业"机械制图与 Auto CAD"课程大纲改革与实践[J].食品工业,2022,43(6):5.

[2] 黄忠,陈松,朱定坤.机械制图与 Auto CAD 课程融合教学改革探究[J].湖北理工学院学报,2018,34(5):3.

[3] 林健清.《计算机辅助设计 Auto CAD》课程教改探讨[J].福建教育学院学报,2013,14(2):25-2.

[4] 许琼琦,甘世溪,黄娥慧,等."新工科"背景下机械制图课程思政教学探索与实践[J].现代职业教育,2022(34):74-77.

虚拟仿真实验教学模式在"针织学"课程中的应用初探

郎晨宏,王金凤,翁鸣,赵连英

浙江理工大学,纺织科学与工程学院(国际丝绸学院),杭州

摘　要:虚拟仿真实验教学推进教学改革与管理,加强实验实践环节教学,是教育现代化的重要保障。本文对全成型针织经编产品设计与织造虚拟仿真实验项目及其在本校纺织工程专业的初步应用情况进行了阐述,学生使用的效果证实了虚拟仿真实验教学模式在新工科背景下纺织工程专业教育中的重要意义和作用。

关键词:虚拟仿真实验教学;针织学;全成型针织经编产品设计与织造;纺织工程

2018年教育部在《关于加强网络学习空间建设与应用的指导意见》[1]中提出,要加快推进教育信息化转换升级,推动教与学变革,构建"互联网+教育"新生态。随着虚拟现实、人工智能技术的发展,一系列网络课程、慕课、微课等远程教育项目在质和量上都实现了飞跃。虚拟仿真实验教学作为远程教育的一种,其虚拟性、交互性发挥着独特的教学作用[2-3]。虚拟仿真实验教学依托虚拟现实、三维可视化技术、多媒体、人机交互、数据库和网络通信等技术,构建三维数字化模型,以高清、实时、动态的方式高度仿真实验环境和实验对象,学生在立体的虚拟环境中沉浸体验式开展实验,达到教学大纲所要求的教学目的。虚拟仿真实验教学是实现真实实验不具备或难以完成的教学功能。在涉及高危或极端环境、不可及或不可逆操作、高成本、高消耗、大型或综合训练等情况时,提供可靠、安全和经济的实验项目[4]。

1 虚拟仿真实验教学应用背景

近年来,随着针织工业在世界范围内发展迅速,针织产品变化多、更新快、生产灵活,能迅速适应市场的变化和客户的需求[5]。我国现已拥有各类针织设备超百万台,成为世界上最大的针织品生产国和出口国,产量约占全球的2/3[6]。针织学是我校(浙江理工大学)纺织科学与工程重点学科的专业基础核心课程之一,课程目标是结合现代针织工业发展及针织企业需求,阐明针织产品结构特点、产品开发与生产的基本理论及工艺设计基本方法,培养具备针织产品开发基本知识和解决工程实际问题能力,具有创新设计能力的针织产品开发人才。依据国家本科教学工程认证的目标要求,需增强学生工程实践能力和创新能力。目前教学方式仍存在课程内容多、课时数有限、学生理解难、应用能力差等急需解决的问题[7-9]。

针织学根据不同工艺分为纬编和经编两部分内容。近几年,经编产业在技术层面有了突飞猛进的发展,经编机械的性能也取得了突破性进展,为下游各类经编产品的开发和加工奠定了良好基础[10]。与纬编相比,经编产品工艺及其编织设备结构更加复杂,占地面积大,价格昂贵,维护难度大;从纱线原料到工艺,调试启动设备到织造出成品耗时长,对教学成本和课时安排需求较大,对教师和学生能力要求较高。只通过课堂讲授或给学生观看简单的演示实验,学生难以理解这

类大型针织设备的构造及工作原理,不能熟练和灵活地运用课堂讲授内容进行实际的针织经编提花产品工艺设计和产品开发。应用全成型针织经编产品设计与织造虚拟仿真实验项目可使我学院纺织工专业的学生解决上述教学中存在的问题。

2　虚拟仿真实验教学项目介绍

全成型针织经编产品设计与织造虚拟仿真实验教学项目由武汉纺织大学邓中民团队开发[11]。该虚拟仿真实验教学项目以针织学和针织产品设计等课程专业理论内容为基础,综合利用多媒体技术、网络大数据、矢量图制作技术、人机交互技术和创新研究的编织针法虚拟现实技术构建出全成型经编产品设计与织造虚拟仿真实验系统。实验包括全成型经编织造车间虚拟场景实验、全成型经编设备拆装虚拟实验、普通经编织物组织结构设计与织造虚拟实验、贾卡经编织物花型图案设计与织造虚拟实验、全成型经编产品来样与创新设计及织造虚拟仿真实验等实验模块。学生通过虚拟实验对经编产品设计做出合理计划,从而对整个设计流程有深刻认识。学生以小组为单位加强合作性与参与性,根据教师提供的产品设计项目思考个人决策科学性和合理性,并提出解决方案和目标。在实验过程中发现问题并优化设计,最终提交工艺设计文件、虚拟织造小样图及实验报告。在虚拟认知—虚拟设计—分析制作可行性—认知深化—设计能力提升—产品开发能力提升的反复实验中达到实验目的和人才培养目标。

2.1　机构认知与原理实验模块

全成型产品主要在双针床贾卡经编机上编织,区别于传统织物从"纱线—面料—设计—制版—裁片—缝制—成品"等多道生产及加工工序,经编全成型织物是从纱线直接到成品的现代化短流程生产过程,后道仅需去掉飞边和定形等简单工序即可完成。目前双针床贾卡经编机的主流机型包括双针床双

贾卡经编机和双针床单贾卡经编机。因此在虚拟仿真实验设计中,将全成型经编设备仿真为双针床双贾卡经编设备,其中一把贾卡可根据需要进行选择性操作,实现双针床双贾卡和双针床单贾卡两种设备模式,满足产品虚拟开发设计需要。同时在构建经编机三维立体模型时,将真实生产环境中不可见部分如机箱内部、牵拉辊、梳栉横移机构驱动部分等外在设置为透明结构,使得这些内容不可见结构实现可视化,同时学生在实验时利用交互式操作可对设备进行整体或局部拆装,便于更清晰直观地掌握设备内部构造及各部件工作原理。

2.2　织物设计与织造实验模块

全成型产品设计需要包含成型产品结构与工艺设计两方面,具体包含:款式分析、版型设计、工艺计算、组织结构设计、成型工艺实现及织造等。在该模块教学设计中涵盖普通、贾卡、全成型经编针织物设计与织造等由易到难的实验,通过对工艺流程多个步骤互动让学生更好地理解全成型经编织物设计与织造过程。

3　学生使用效果

在虚拟仿真实验教学系统中,学生可以沉浸感、体验式方式扮演设备管理人员或工作人员进行现场参观式教学。学生可通过"机构认知与原理"实验模块,对全成型经编设备的送经机构、成圈机构、梳栉横移机构、牵拉卷取机构、传动机构及辅助装置六大机构的机构细节及其工作原理有更加清晰的认识,并可通过反复拆装经编设备掌握设备的内部构造及各部件的工作原理。

学生可通过"织物设计与织造"实验模块,针对不同的经编产品类型设计不同的组织结构、花型图案、针法配置,进行工艺设计与虚拟织造场景训练。在操作时,能够更加直观地参与不同类别经编织物的工艺参数、组织结构及花纹花型等设计过程,掌握不同类型经编针织产品的创新设计与开发能力。

在对全成型经编产品的织造过程进行虚拟仿真中,学生可以进行产品来样分析、花型图案再现、工艺参数设计、设备参数计算等实验过程的具体操作。学生能够清晰直观地了解产品结构与设备织造的衔接关系,使学生全面掌握全成型经编产品从产品来样到布样织造的一系列步骤的实验过程操作,提升学生的产品织造实践操作能力。

使用该虚拟仿真实验教学项目可对普通经编织物、贾卡经编针织物和全成型经编针织物的设计与织造等,其由易到难的产品开发过程进行反复试验、参数调整,以便熟练掌握针织经编各类产品的创新设计方法,提升学生在针织产品设计过程中解决纺织工程专业复杂问题的能力。

4　结论

全成型针织经编产品设计与织造虚拟仿真实验项目主要解决了在针织经编产品开发教学工作中存在的两类问题,一是经编产品开发设备机构复杂,操作危险系数高,维护难度大,且设备价格较昂贵等问题;二是经编产品开发的工艺复杂,开发难度较高,从原料到工艺,从设备调试到最终产品耗时长,对教学成本和学生能力要求高等问题。应用该虚拟仿真实验项目后我院针织专业实践教学质量明显提高,极大程度地激发了学生的学习动力和学习热情。学生能深刻理解全成型经编机针织产品的工业化生产织造过程,通过直观学习实验流程、设置实验参数及处理实验数据,巩固实验过程中的原理性知识点认知,提高实践操作技能,提高解决工程实际问题的能力。

参考文献

[1] 教育部关于加强网络学习空间建设与应用的指导意见[EB/OL]. 2019-1.

[2] 李平, 毛昌杰, 徐进. 开展国家级虚拟仿真实验教学中心建设提高高校实验教学信息化水平[J]. 实验室研究与探索, 2013, 32(11):5-8.

[3] 郭婉茜, 郭亮, 林楠, 等. 新工科背景下虚拟仿真实验教学评价研究[J]. 中国现代教育装备, 2022, 7(389):1-4.

[4] 中华人民共和国教育部. 教育部办公厅关于开展2015年国家级虚拟仿真实验教学中心建设工作的通知[EB/OL]. 2015-6.

[5] 陆赟, 高伟洪. 针织产品设计与织造虚拟仿真实验教学建设研究[J]. 科技视界, 2021(5):49-50.

[6] 龙海如. 针织学[M]. 2版. 北京:中国纺织出版社, 2014.

[7] 柯薇, 邓中民, 蔡光明. 基于OBE理念的"针织学"课程线上教学模式探索[J]. 纺织服装教育, 2021, 36(2):140-143,153.

[8] 万爱兰, 蒋高明, 缪旭红, 等.《针织毛衫设计》课程教学中存在的问题和解决方法[J]. 轻纺工业与技术, 2019, 48(5):51-53,56.

[9] 张佩华, 沈为, 蒋金华, 等. 基于工程能力培养的"针织学"课程教学改革与实践[J]. 纺织服装教育, 2020, 35(2):148-150.

[10] 刘凯琳. 经编织物在产业用领域的发展及应用[J]. 纺织导报, 2022(5):27.

[11] 邓中民, 柯薇, 曹新旺, 等. 全成型针织经编产品设计与织造虚拟仿真实验项目[OL].

虚拟仿真技术在"纺织工程实验"课程中的应用与实践

马雷雷,祝成炎,田伟

浙江理工大学,纺织科学与工程学院(国际丝绸学院),杭州

摘　要:"纺织工程实验"课程是纺织工程专业教学体系中实践类课程的重要组成部分,具有较强的实践性,而且在实验过程中涉及大型加工设备,有较大的场地要求和比较复杂的实验步骤,从而导致许多实践性强的重要实验内容在实验室的环境下开展受限,而且涉及安全性问题,学生无法对实验进行上手操作和练习。随着信息化技术的发展,虚拟仿真作为当前较为先进的计算机网络技术已经在各类实验教学中广泛应用,充分发挥其直观和模拟现实的技术优势,有助于拓展实验项目,提高实验教学效率。通过分析"纺织工程实验"与虚拟仿真技术特点,结合当前纺织工程专业应用现状和教研组的使用经验,为虚拟仿真技术更好地服务于工科类实验教学提供了有效的应用案例。

关键词:虚拟仿真;纺织工程;实验课程;实验教学

实验教学与理论教学相互配合,可以有效地培养学生分析与解决问题的能力,实验教学的环境对于现代高等教育有着十分重要的意义[1],是实践教学环节中的一大重要组成部分。

在日新月异的新形势下,高等教育必须适应新时代人才培养的需要,将新技术与实践教学相结合,强化学生理论知识的学习,提高实践动手能力和解决实际问题的能力,从而提高人才培养质量,更好地服务于社会与经济发展[2]。信息技术的快速发展为提高教学手段提供了充分的准备,将虚拟仿真技术应用于实验教学项目,是将现代信息技术融入实验教学项目、拓展实验教学内容的广度和深度、延伸实验教学的时间和空间、提升实验教学质量和水平的重要举措。以虚展实、以虚代实,从而快速响应实验教学的需求,拉近实验教学与工程实践的距离,促进学生自主学习和探究式学习,解决目前线下实验中难以操作、难以实现的问题。2013年8月,教育部决定开展国家级虚拟仿真实验教学中心建设[3],充分体现了对虚拟仿真教学在高校实践教学体系中应用的重视。

本文通过分析"纺织工程实验"虚拟仿真教学与线下实验教学融合教学的案例,课程主要培养学生织造工艺参数设置、织造加工操作技术水平,通过实验学生可以直观地掌握纺织织造加工理论知识、提高学生解决面料织造加工生产中实际问题的能力。

与工科实践进一步拉近距离,培养出社会急需的具有实践创新能力和解决复杂工程问题能力的一流人才。因此,在纺织类专业实验教学中采用虚拟仿真技术对纺织工程专业本科生的实践教学具有重要的意义。

1　"纺织工程实验"教学现状及弊端

传统实验教学一般由实验教师现场讲解实验原理、演示操作步骤,学生按规定步骤进行实验。在教师指导下,参观或实际操作完成实验。这种"讲→示→导→操"的过程难以调动学生的积极性,难以满足"高阶性、创新性、挑战度"的实验课程建设新要求[4]。目前,实验教学主要存在以下几个方面的不足。

1.1　实验设备庞大，未经专业训练，具有安全隐患

纺织工程专业实验的设备都是大型设备，工序较多，在国家职业工种就包括络纱工、整经工、挡车工、维修工等66个工种，未经长时间的专业操作训练，学生直接上手操作具有极大的安全隐患。

1.2　设备老旧，耗材上涨

目前纺织类专业学生人数日渐增多，部分老牌纺织类高校存在设备更新不及时、台套数少、老化等问题，这些都成为高校提高实验教学质量的障碍。近年来，实验耗材价格不断上涨，导致高校实验教学成本急剧增加。虽然各高校也在上调实验耗材费用，但其增幅和耗材价格上涨不相匹配。部分学校不得不调整实验类型和实验内容，甚至有的削减实验项目[4-5]。这对实验教学质量的提高极为不利。

1.3　实验过程模式化

传统的纺织实验教学方法不容易激发学生的积极性，表达形式单一。课程教学以往是教师演示、示范，学生按图索骥地完成操作[6]。这种方式有着模式化、程序化的特点，其优势在于强调基础实验方法和技能学习、训练，有利于知识学习、巩固理论教学内容，不足之处是不能满足学生分析问题、解决问题的能力锻炼需求，创新意识和能力有待提升。

1.4　实验内容内涵不足

传统实验内容以验证性实验为主，各实验项目之间相对孤立、缺少联系，综合性较差，与"两性一度"的教学要求有差距，不利于学生创新能力的培养[7-8]。因此，应增加综合设计实验的比例，提升实验的开放性，鼓励学生自主进行综合性实验设计，全面思考，激发学生自主实验动力，调动学生学习的兴趣。

1.5　企业实验实践开展困难，效果不佳

现阶段，各高校都有合作企业，愿意接纳学生进企业进行实验实践活动，但大部分企业考虑到生产成本、实际生产加工的危险性及安全管理问题，并没有安排学生在实际生产中亲自动手操作，这就大大降低了实验实践的效果[9-10]。市场经济下的企业面临的竞争压力很大，企业所关注的是接纳学生实习实践能否给自身带来利益，学生去企业实践会给企业的生产经营带来一定程度的干扰，这是企业不愿意面对的[3]。

2　"纺织工程实验"课程虚拟仿真建设

我校纺织工程专业已于2019年列入国家一流本科专业建设点，纺织工程实验课程是学生培养体系中的重要一环，本文以"现代织造大型实验"为例，该实验课程是纺织工程专业的一门实践必修课，主要培养学生理论联系实际的能力，通过该课程的学习，可以加深学生对织造学、织物纹织学和纺织品CAD等重要核心课程内容的理解和实际应用能力的掌握。

提花机织物的生产加工是现代织造大型实验的实践课程，是利用提花开口机构的织机织造出具有精美花纹的织物，提花机织物以色彩丰富、外观华丽著称，是中华民族最绚丽的文化瑰宝，需要更多的专业人才不断地传承和创新，掌握提花机织物的设计与生产工艺是专业教学中的重点之一。

在提花机织物设计加工实验中，学生利用规定的纹样，设计花型纹板文件，并将纹板文件导入织机，通过设置合理的织造工艺参数，完成提花机织物的上机织造，在此过程中熟悉并掌握提花开口机构、剑杆引纬机构、凸轮打纬机构、电子送经机构和电子卷取机构等工作原理。然而提花织物生产工艺流程复杂，工艺流程长，耗时长，原料耗费非常大，而且实验操作具有不可逆性。以桑蚕丝在剑杆织机上织造的工艺流程为例，工艺流程图如图1所示。

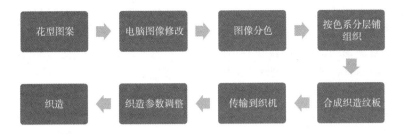

图 1 提花机织物设计流程

虚拟仿真实验的开展打破了经费、时间和空间的限制,学生可以灵活地安排自己的实验时间,在虚拟环境中进行实验学习,弥补了实际实训中的不足,解决了一直以来提花机织物设计与生产实习实践教学中的难题。

由系统生成一个提花机织物设计与生产的实验环境,仿真系统给予学生一个纹样图,然后导入学生进行意匠设计,生成符合生产要求的纹板文件;在此基础上学生将生成的纹板文件导入织机,输入合理的工艺参数,通过正确的实验操作,完成提花机织物设计与生产的实验全过程。提花机织物设计与生产虚拟仿真全过程如图 2 所示。

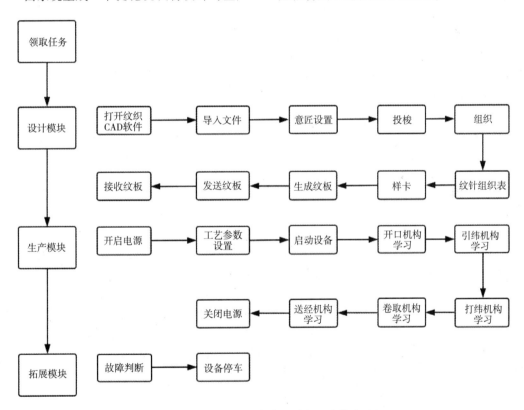

图 2 提花机织物虚拟仿真设计与生产的全过程

2.1 基于"带入式"的课前预习

2.1.1 使用目的

学生正式参加实验以前,通过虚拟仿真平台的课前预习及测试,熟悉系统并掌握提花机织物设计与生产的工艺流程及相关参数。

2.1.2 实施过程

进入系统,学生首先需要跟随系统学习

15min 的教师理论教学引导视频,8min 的虚拟仿真教学实验引导视频,从而熟悉系统的操作方法,并快速回顾织造学、织物纹织物、纺织品 CAD 先修课程知识。然后完成系统生成的 10 道测试题目,测试题目完全正确方可进入下一步实验操作。

2.1.3　实施效果

学生通过视频学习,完成选择、判断等测试题目,巩固了提花机织物设计与生产的理论知识,掌握了实验的操作步骤,了解实验的基本内容。

2.2　基于人机"交互式"的织物设计实验

2.2.1　使用目的

在课前预习完成后,每个同学根据设计模块给定的纹样图,采用人机对话的方式进行提花机织物设计实验。该模块通过引导学生选择合理的意匠参数、投纬比例、组织铺设、样卡文件等操作,生成合理的纹板文件,使学生掌握提花机织物设计的全过程,掌握织物参数对产品质量、外观等的影响。

2.2.2　实施过程

提花机织物设计实验是一个动态博弈的过程,是对织物设计理论知识掌握程度的检验。实验开始时系统会生成一个模拟提花织物设计的实验环境,一个供学生实验的纹板图。学生首先根据要求输入合理的意匠参数,输入正确方可进入工艺设计阶段,包括生成投梭,组织铺设和样卡选择等,设计合理方可生成纹板文件,完成实验操作。

2.2.3　实施效果

学生通过实验完全掌握提花机织物设计的全过程,影响产品质量、外观的织物参数,并能联系实际,应用到实际的提花机织物设计中去。

2.3　基于人机"互动式"的织物生产实验

2.3.1　使用目的

生成纹板文件后,每位同学根据实验的指引将纹板文件导入织机,进入织物生产实验模块。该模块通过引导学生选择合理的织造工艺参数、正确的织机操作,使学生掌握提花机织物生产的全过程,掌握织机运动五大机构的工作原理与配合,掌握织造工艺参数对产品产量、质量等的影响。

2.3.2　实施过程

提花机织物生产实验是一个边复习边学习的过程。实验开始时学生首先将设计实验中生产的纹板文件导入织机,并输入合理的织造工艺参数方可开机生产,每个机构逐一运动,并分解演示机构运动原理。每个机构运动开始前,学生需要通过完成选择、判断等测试方可进入下一机构的运动,五大机构运动完成,系统显示五大机构配合的织物模拟生产场景,实验操作结束。

2.3.3　实施效果

学生通过实验掌握提花机织物生产的全过程,掌握织机运动的五大机构及其工作原理,掌握影响产品质量、产量的织造工艺参数,并能联系实际,应用到实际的提花机织物生产中去。

2.4　教学效果的形成性评价

通过引入虚拟仿真软件系统,在理论教学和实训之间搭建起一个过渡的"桥梁",有效解决理论教学与实训难以有效融合的问题,云平台聚合了教、学、练、考、管、评等完备的教学功能,实现教学过程的闭环控制和教学效果的形成性评价,使教学资源更生动、教学活动更丰富、教学管理更高效、效果评估更科学精准。

3　虚拟仿真技术特点及教学优势

3.1　虚拟仿真技术特点

3.1.1　沉浸性

虚拟仿真系统中,使用者可获得与实验中相差无几的感官感受。通过操作虚拟设备,体验真实的实验过程。

3.1.2　交互性

虚拟仿真系统中,系统与使用者之间的控制具有较强的交互性,使用者可以操控设备,而虚拟设备会根据操控做出相应的反应,展现出真实的实验现象。

3.1.3 开放性

虚拟仿真实验可以通过实验教学平台发布到互联网上,使用者可以不受时间、空间的限制,随时随地通过授权的用户名进入系统进行虚拟仿真实验项目的学习操作。

3.1.4 拓展性

可以对虚拟设备进行灵活配置和组合,进一步更新和优化软件功能,使使用者能够对虚拟设备进行二次开发。

3.1.5 局限性

虚拟仿真毕竟是虚拟的,能够完成非常逼真的操作,体验真实的实验环境,但并不是真实的训练操作,对使用者动手操作能力的培养存在局限性,不能完全替代实际操作。

3.2 在实验教学中应用的优势

虚拟仿真技术应用于纺织类实验教学具有明显的优势。

3.2.1 设备占地小

虚拟仿真实验教学平台功能性强,占地面积小,克服了传统实验教学时间和空间限制的弊端,虽然前期投入可能会较大,但通过互联网可以实现共享。且同类高校可整合资源、统筹规划,各自根据自身优势建立虚拟仿真实验平台项目,再实现共享,避免同类项目重复化建设,这可大大降低整体资金投入。

3.2.2 激发学习兴趣

真实的实验场景的构建,配以动画模型及丰富的色彩和活跃的音乐,更能激发学生的兴趣,很好地弥补了传统实验教学的枯燥性,提高了学习效率。

3.2.3 虚拟仿真项目可服务于社会

虚拟仿真实验教学平台和项目的建立,不仅限于服务高校,还可以拓展到整个社会,提供更多的学习培训服务。

4 提花机织实验虚拟仿真实验设计

实验秉承"虚实结合、线上线下互动"的教学宗旨,实验过程注重"高阶能力的培养",将"以学生为中心"和"以效果为中心"充分融合,基于实际问题采用带入式、交互式和互动式等教学方法,体现自主式和探究式的特点。课程虚拟仿真验设计如图3所示。

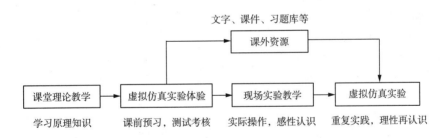

图3 课程虚拟仿真设计

4.1 课前预习

4.1.1 操作目的

学生正式参加实验以前,通过虚拟仿真平台的课前预习及测试,熟悉系统并掌握提织物设计与生产的工艺流程及相关参数。

4.1.2 操作过程

进入系统,学生首先需要跟随系统学习15min的教师理论教学引导视频,8min的虚拟仿真教学实验引导视频,从而熟悉系统的操作方法,并快速回顾织造学、织物纹织物、纺织品CAD等先修课程知识。然后完成系统生成的10道测试题目,测试题目完全正确方可进入下一步实验操作。

4.1.3 操作结果

学生通过视频学习,完成选择、判断等测试题目,巩固了提花机织物设计与生产的理论知识,掌握实验的操作步骤,了解实验的基本内容。

4.2　织物设计模块

4.2.1　操作目的

通过选择合理的意匠参数、投纬比例、组织铺设、样卡文件等操作,生成合理的纹板文件。使学生通过该模块的学习,掌握提花机织物设计的全过程,掌握织物参数对产品质量、外观等的影响。

4.2.2　操作过程

进入操作系统后,首先采用纺织品设计软件进行提花织物设计。进入设计域,点击计算机桌面的纺织品设计软件图标,打开设计软件。选择意匠文件打开,点击意匠设置快捷键设置纹样参数。对纹样进行意匠设计,包括模拟意匠设置;投梭;面料组织设计;纹针组织设计;选择样卡设计;生成纹板文件并导出发送到织机。关于中国古代提花机对现代提花及计算机的影响,提示框回答问题。

4.2.3　操作结果

学生通过实验完全掌握织物设计的全过程,影响产品质量、外观的织物参数,并能联系实际,应用到实际的提花织物设计中去。

4.3　生产原理模块

4.3.1　操作目的

该模块通过引导学生选择合理的织造工艺参数、正确的织机操作,使学生掌握提花机织物生产的全过程,掌握织机开口机构、引纬机构、打纬机构、卷取机构、送经机构五大运动结构的工作原理与配合,掌握织造工艺参数对产品产量、质量等的影响,掌握织造过程中故障的排除及处理。

4.3.2　操作结果

学生通过实验,掌握提花机织物生产的全过程,掌握织机运动的五大机构及其工作原理,掌握影响产品质量、产量的织造工艺参数,并能联系实际,应用到实际的提花机织物生产中。

4.4　虚拟仿真线上实验与线下实验的结合

虚拟仿真线上实验完成后,遵循"以虚补实、虚实结合"的原则,开展线下的实体实验,使学生将理论知识应用于实践,进行真实体验,最终完成整个提花织造实验课程。

学生在线通过虚拟仿真实验,对提花织造原理和工艺流程进行了充分的学习,并在深入思考和探索的基础上,与小组成员进行线下讨论,了解实验工程背景,掌握理论知识、实验步骤和实验注意事项,为实体实验做好准备。同时,教师要做好实体实验时间安排和准备工作。由于提花机织实验涉及的纺前准备阶段所需时间长,在具体实验时受到人数和设备的限制,学生进行纺前准备实验难以实现,需要教师将纺前准备阶段的物料提前准备好。

线下实验学生6人一组,小组成员需要查阅资料、互相讨论,确定需要生产的产品规格。实验过程工序繁多,小组成员需分工明确,每人负责一段工艺过程,协同操作,这样才能顺利完成从开头到整机运转的完整实验操作,这就要求各小组成员具有良好的团队协作能力(图4、图5)。

5　结语

引入虚拟仿真实验后,提高了学生的学习兴趣,增加了学生对理论学习的新鲜感,加深了对理论知识的理解,从而提高了学习效率。虚拟仿真实验与实体实验的有机结合,使学生能够将理论知识与实践联系起来,形成"理论—虚拟仿真实验—实体实验—理论"的循环学习模式,将探究式、合作式学习模式引入实验课程中,对培养有实践能力的高素质人才非常有益。同时通过线下小组分工合作顺利完成生产线的运行,提高了学生的团结协作能力,对培养具有团队精神和创新能力的现代化人才是非常有利的。

致谢

本论文为"纺织之光"中国纺织工业联合会高等教育教学改革项目(2021BKJGLX186)和浙江理工大学课程思政示范课程建设项目《XMJWCb20200011》的阶段性成果。

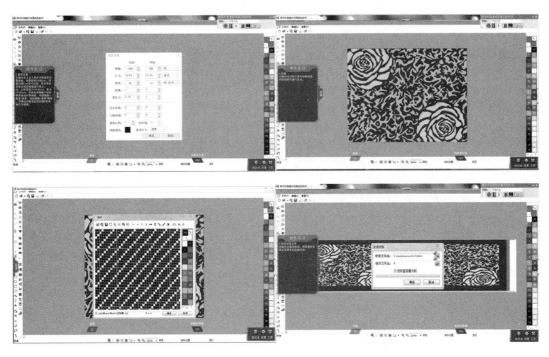

图 4　织物组织结构设计部分步骤

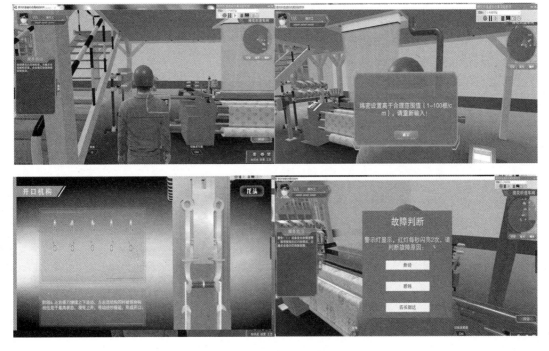

图 5　生产原理模块部分步骤

参考文献

[1] 刘亚丰,余龙江,卢群伟,等．教育信息化背景下虚拟仿真教学资源建设[J]．实验科学与技术,2018,16（2）:195-198.

[2] 马艺,刘志宏,焦桓．浅谈从无机化学实验教学中培养大学生良好的学习习惯与兴趣[J]．教育教学论坛,2017（4）:46-47.

[3] 柳洪洁,宋月鹏,马兰婷,等．国内外虚拟仿真教学的发展现状[J]．教育教学论坛,2020（17）:124-126.

[4] 葛媛,王登武,张翠红,等．基于线上线下混合式教学的"仪器分析"课程教学模式创新研究[J]．教育教学论坛,2020(43):173-176.

[5] 邓敬桓,邹云锋,苏莉,等．虚拟仿真技术在卫生检验与检疫理化实验教学中的应用与探讨[J]．医学教育研究与实践,2022,30（5）:562-566.

[6] 高文曦．虚拟仿真实验教学项目应用研究[J]．软件导刊,2022,21(9):184-189.

[7] 陈辉．虚拟仿真技术在机械类课程教学中的应用研究[J]．教育教学论坛,2019（3）:124-125.

[8] 张馨月．纺织服装产业链虚拟仿真双创平台构建研究[J]．纺织报告,2022,41(8):20-22.

[9] 刘凯,唐娟,单婷婷．虚拟仿真实验在课程教学中的应用:以预测与决策课程为例[J]．中国现代教育装备,2022(15):35-37.

[10] 吕向丽,刘春玲．虚拟仿真技术在化学实验教学中的国内外研究现状分析[J]．云南化工,2022,49(8):73-75.

线上线下融合式教学在"针织服装设计与制作基础"课程中的应用

朱俐莎,徐英莲

浙江理工大学,纺织科学与工程学院(国际丝绸学院),杭州

摘　要:从"针织服装设计与制作基础"课程教学现状着手,分析了传统教学过程中存在的问题。根据纺织工程专业学生的特点,提出将线上线下融合式教学方式应用于该课程的教学改革中,通过引入线上微课视频等教学资源开展互动教学,构建了"课前、课中、课后"的混合式教学模式,可多方面改善学生对知识点的理解和掌握,激发学生的学习兴趣,有效培养学生的自主学习能力和实践动手能力,提升教学效果。

关键词:针织服装;纸样设计;线上线下融合;教学改革

针织行业是纺织行业的一个重要分支,近年来正在积极转型升级。据有关数据显示,2020 年,中国针织服装占服装总产量的58.02%。在进出口方面,针织企业数量占整个纺织行业的10%,但针织产品出口数量占整个纺织行业的1/3[1]。针织服装的生产流程较短,且款式多变、穿着舒适,近年来受到越来越多消费者的欢迎,市场需求广阔。在这样的背景下,对具有针织专业知识且懂得针织服装设计的人才需求量也在逐年增加。具有纺织工程专业的院校需要肩负起时代的使命,培养相关专业人才,为社会不断输送具备纺织服装设计背景和基础的相关人才。

"针织服装设计与制作基础"是纺织工程专业的一门专业基础教育必修课,着重介绍和研究服装工业的发展过程。主要内容包含从传统服装工业的经验积累方式到现代服装工业的系列化、标准化、规范化以及时装化、多样化、个性化的发展变化过程,服装设计与艺术相结合的现代服装设计理论和方法等。其主要目的是提高纺织工程专业学生应用所学的基础理论知识分析解决应用技术的问题、探讨客观事物变化发展规律的理性思维能力,培养具有交叉学科背景的创新型应用人才。

1　课程建设现状及存在的问题

通过"针织服装设计与制作基础"课程的开设、授课过程中与学生之间的交流以及对毕业生满意度的调查,发现该课程在教学过程中存在以下几个问题。

1.1　学生缺乏服装设计相关背景

"针织服装设计与制作基础"课程要求学生既具备针织专业的基础知识,又要了解服装设计与纸样制作相关内容。而纺织工程专业的学生在专业课程学习中,主要学习纤维、纱线、面料的加工过程与技术,更多地要求掌握面料性能、面料结构等对服装性能造成的影响,而针对服装设计几乎没有开设基础课程学习。在这样的培养背景下,纺织工程专业的学生往往比较缺乏服装设计的概念和纸样制作的实践经验,因此,对本课程的了解往往不够深刻。

1.2　教学课时较少,学生对知识的了解较为肤浅

针织服装包括衣服、裤子、裙子等,款式多样,且不同款式构成针织服装的结构部位繁多,需要设计的内容复杂多样。而本课程的课时仅为48 学时,相较于服装专业开设的

课程来说,课时较少。在相对较少的课时安排条件下,学生仅靠课堂时间完成该课程的学习难度较大,对知识的了解比较肤浅。对教师来说,如何设定课程目标和课程内容是关键。如果课程内容过多,学生只能走马观花,不能深入了解样板设计的精髓;如果课程内容过少,学生只能掌握极少部分的知识,对纸样设计的整体思想无法掌握[2]。因此,课堂讲授内容的精炼是任课教师要精心思量的,既要满足学生毕业后工作对知识的要求,又要符合学校对课程课时的安排。

1.3　教学方式较为单一,学生实践机会较少,难以激发学生的学习兴趣和主动性

目前,"针织服装设计与制作基础"课程主要采用理论讲授的方式,授课内容侧重于对针织服装原型进行服装结构设计,培养学生样板设计的制图能力和对针织面料工艺操作的动手能力。教学方法侧重于教师讲授和演示,学生学习和实践操作来熟悉和掌握针织服装的样板设计及其缝制工艺。课程教学内容的展示以黑板板书为主,通过原型法来进行针织服装结构设计,同时通过教学实践,使学生逐步掌握设备的操作和线迹的调节等任务。由于教学方式相对单一,学生实践的机会少,因此很难激发学生的学习兴趣和主动性。所以,如何改善这门课程的教学质量和效果,激发学生的学习激情,调动学生的学习积极性,是该课程教学改革的关键[3]。

2　线上线下融合式教学的特点与优势

线上线下融合式教学是在教学过程中,以教师为主导、学生为主体,结合传统课堂教学和在线教学的优势,以获得最佳教学效果的一种教学模式[4]。也就是充分利用现代信息技术,依托各类网络教学平台,将课堂延伸到网络虚拟空间中,在传统课堂教学的基础上,同时结合网上教学平台的教学资源并利

用先进的教学工具进行网上教学。它重新定义了教与学的新型关系,具有重塑课堂体系、内容和教学组织的优势,能够让学生在参加面对面课堂学习的同时,还可以利用线上丰富的教学资源进行网上自主学习,实现个性化的学习目标[5]。

2.1　教学模式同步性

线上线下融合式教学的核心特征是教学模式的"同步性"。同步性即线上课堂和线下课堂在上课时间、内容、要求上的同一步调。结合信息技术,跨越时间和空间限制,实现线上上课学生和课堂面授学生同步上下课、同步互动、同步答题、同步考核、同一位授课教师的上课情景。

2.2　教学形式灵活性

教学形式的灵活性表现为线上线下融合式课堂是以线上方式同步接入面授课堂,师生可以根据自身实际情况,灵活选择线上授课方式或线下授课方式开展教学。如在大部分学生因特殊情况不能参加线下面授课程时,教师则可选择线上上课,灵活切换上课形式。

2.3　教学主题互动性

在融合式教学中,教学主体的互动性是基于传统面授课堂和在线课堂是以同步方式展开的,这意味着线上上课学生可以与线下师生进行实时的同步互动和交流讨论,这是"异步"开展的线上线下混合式教学无法比拟的[6]。

2.4　教学过程多元化

教学过程的多元性,表现为融合式课堂突破了地理的限制,因此在教与学的主体背景能更多元化,可以在课堂中容纳更大规模、更多元背景的教师、学生,使教学过程实现多元化。

3　课程融合式教学路径探索

线上线下融合式教学模式具有的优势和特点,可以弥补现有"针织服装设计与制作基

础"课程中的不足,通过线上线下的教学资源整合,给学生提供充分的有关服装设计的背景资源,提高学生的学习积极性,同时提供纸样设计和制作的相关视频供学生反复学习和观看,有利于提高学生的实践操作能力。具体路径如图1所示。

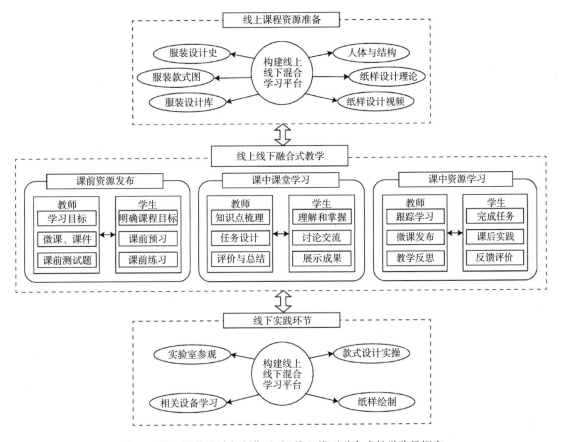

图1 "针织服装设计与制作基础"线上线下融合式教学路径探究

3.1 课前发布任务,提升学生自学能力

课前,教师构建网上教学资源,围绕该课程的教学目标制作微课视频、教学PPT、课程扩展视频、动画、工程案例、线上测试题等,将教学资源发布。根据"针织服装设计与制作基础"课程的设计,线上资源可以包含服装设计史、服装款式理念、各类服装款式设计库、人体构造与服装结构关联、纸样设计理论和设计微视频等内容,方便学生在课前进行预习。这样的课程设计将有助于纺织工程专业的学生尽早了解课程背景、学习服装设计相关知识,有助于在教师上课时便于理解,从而提高课程效率和学生的专业素养。

3.2 整合教学资源,增加学习渠道和互动交流平台

拓展本课程线上线下融合教学深度和广度的主要途径是整合教学资源,增加学习渠道和互动交流的机会。在课程的学习中,可以充分整合线上网络学习资源,如共享学习课件、素材、实践步骤等多媒体资料,将资源按照课程学习章节进行整理归类上传至学习通或学生学习交流群,把每一章节的学习资料进行分类,在每个学习资料上标注与授课内容一致的知识点名称,方便学生快速查找。除了整合线上网络资源外,还可以与国内其他高校合作,共享同类专业课程的教学案例、视频、素材等学习资源。同时与慕课、微课等

学习平台联合拓宽线上同步学习的渠道[7]。

3.3　利用微视频,提升实践操作能力

纸样设计的实践制作是学生的薄弱环节,因此在该课程的教学中需要加大该部分的投入比重。线上线下相融合的教学方式,可以充分利用多媒体技术将课程内容的实践操作过程分步骤录制成微视频,并根据学生注意力持续集中时长和认知负荷,将课程的重难点内容分解成若干知识点,制作成可利用碎片时间学习的短视频,供学生随时观看学习。通过视频中纸样设计与制作的学习,学生可直观、全面地掌握针织服装设计的重点知识,有效帮助学生提升实践动手能力。此外,学生可以通过反复观看录播视频,回顾实践操作要点方便学生问题查找及拓展学习[7]。

4　结语

目前,在"针织服装设计与制作基础"课程学习中,存在纺织工程专业学生缺乏服装设计相关背景、在较短的课时学习中学生对知识的了解不足、教学方式较为单一、学生实践机会较少等问题。通过线上线下深度融合的同步教学模式,可以帮助学生培养学习兴趣,增强相关背景学习,提高学习能力,也有助于教师优化教学内容、提升教学水平。

参考文献

[1] 中国产业研究院. 2020—2025年针织行业市场深度分析及发展策略研究报告[R]. 深圳:深圳市中研普华管理咨询有限公司,2020.

[2] 邹梨花,孙妍妍,徐珍珍. 针织服装样板设计课程建设的探索与实践[J]. 轻工科技,2018,34(3):171-172.

[3] 董丽. "针织服装样板"教学改革与实践[J]. 山东纺织经济,2012(10):98,120.

[4] 李华. 校企融合教学模式下房地产市场营销课程混合式教学改革研究[J]. 中外企业文化,2021(11):212-213.

[5] 牛玉清,刘丹青,钟雪梅,等. 线上线下混合式教学模式在"市场营销"课程中的应用与研究[J]. 科技风,2022(23):84-86.

[6] 田爱丽,侯春笑. 线上线下融合教育(OMO)发展的突破路径研究:基于路径依赖和路径创造的视角[J]. 中国电化教育,2022(1):73-78,85.

[7] 彭小琴,殷海伦. 线上线下融合式教学在"数码时装画"课程中的应用[J]. 西部皮革,2022.44(17):52-54.

以"互联网+"为驱动、以工程认证为背景的"针织新产品设计与开发"课程改革研究

邵怡沁,陈慰来,赵连英,王金凤

浙江理工大学,纺织科学与工程学院(国际丝绸学院),杭州

摘 要:为提高纺织类本科专业学生培养模式和考核评价机制的质量,实现最新工程教育专业的认证目标,以"互联网+"技术为驱动力,对"针织新产品设计与开发"课程内容和教学方案进行重构。在以学生为中心、以成果为导向的原则下,本文设计了一种反馈更新和循环完善的教学改革方案。提出基于互联网的线上线下、课内课外相结合以及小组协作的教学模式,克服了单一教学模式的弊端。基于互联网实时反馈技术,课程设计了对学生学习状况进行全过程与全方位追踪的考核方案。本课程所建立的教学评价和更新机制能够对教学中出现的教学问题进行及时更正与完善。本研究方案是纺织工程专业本科教育改革发展中具有共性和综合性的课题,以期实现高校纺织类本科生人才培养模式的改革与创新为主的综合改革实践目标,共同推动纺织类人才的培养质量。

关键词:互联网+;工程认证;纺织;课程改革

1 引言

针织工艺的历史非常悠久。我国针织行业隶属于纺织业,虽然起步较晚,但是在改革开放的推动下,取得了飞速发展的成就[1]。目前我国已成为针织产品生产大国。针织产品贸易长期处于贸易顺差的状态。发展针织产品需要更加完整与丰富的工程体系[2-4]。我国针织行业不仅在原料开发与生产制造工艺等方面取得了创新成果,也在探索低碳环保的生产方式[5]。将智能技术融入针织面料的制作当中,满足客户在功能性、舒适性、环保性和时尚性等多方面的需求是当下针织方向的研究热点和重点[6]。培养高质量的针织人才是实现针织新产品开发和设计的基本保障。良好的教学内容和教学模式是确保成功培养人才的关键。

针织学是浙江理工大学纺织学院纺织工程专业的一个重要研究方向,"针织新产品设计与开发"是本校纺织工程专业的专业必修课。主要介绍针织新原料的应用、针织经纬编面料的制作与设计方法、针织混纺、交织面料的开发与设计,通过介绍现代针织设备与工艺流程和各工序半制品及成品质量,分析造成疵点及其对策,是一门开放性及综合性较强的课程。其教学内容也包括航空航天、能源、生物医学和环境保护等产业用高性能针织品[7]。现有关于"针织新产品设计与开发"的课程教学存在教学模式陈旧,以教师为中心,采用板书、多媒体等教学手段,实行传统的"满堂灌"与"填鸭式"教学问题。教学时主要以教材的理论知识讲授为主,忽视了学生学习的主动性,没有营造良好的启发式、开放式和探索式学习氛围。在教学过程中,实践性内容作为理论教学的辅助,多以演示为主,不利于学生工程实践能力的培养[8]。因此,理论与实践脱节一直是困扰针织工程专业教学工作的大问题,也成为针织工程专业教学改革的重要方面。

2016年6月,我国正式成为《华盛顿协议》成员,使我国的工程教育与国际接轨,新的协议要求工程专业本科毕业生必须具备解决复杂工程问题的能力。为了与国外先进的

工程教育理念接轨,各高等院校都在积极开展专业教学改革,开始进行工程教育专业认证工作。确保工程专业学生更好地理解复杂工程问题并具备解决复杂工程问题的能力,是目前我国本科院校工程教育的首要工作[9-11]。随着互联网、物联网、大数据、人工智能、新材料、新能源等新科技的应用以及新商业模式的快速崛起,利用先进信息化技术,通过虚拟仿真、在线课程等教学技术手段,可以更加便捷地探索课内外相结合的多元教学模式[12]。在"新工科"背景下,受大数据、人工智能等新技术以及"互联网+"等重大战略的影响,要求高校的人才培养更加注重工程实践能力、学科交叉与深度融合能力以及创新创造创业能力[13-16]。在"双一流"建设背景下,我国高等教育要建设一流本科、做强一流专业、培养一流人才。因此,本课题以浙江理工大学的"针织新产品设计与开发"课程为背景,以纺织工程20级本科学生为载体,进行相应教学内容与模式的研究和改革。

2 "针织新产品设计与开发"课程教学现状分析

本课程涉及针织产品的基础实验和新产品的开发实验,需要对不同的实验平台和资源进行合理安排与整合。

2.1 教学内容现状分析

本课程以工程实践能力培养为主线,理论与实践并重,将理论知识和实践操作相结合,有利于启发引导,激发学习积极性,加强了工程实践能力的培养。设计的"针织新产品设计与开发"的培养目标包括:

(1)掌握文献检索、科技写作等工具性知识;

(2)具备获取知识能力:包括自学能力、计算机及信息技术应用能力、表达能力等;

(3)具备应用知识能力:包括综合实验能力、工程实践能力、工程综合能力、团队协作能力等。

根据工程教育专业认证的要求,课程目标由毕业要求决定,教学内容则由课程目标决定。因此,为这门课程制定的课程目标为了解纺织工程前沿技术和发展趋势;熟悉新技术、新产品、新工艺、新设备研究开发的基本流程;了解针织新产品设计与开发的方法,生产的工艺过程,了解现代针织工程新技术、新设备、新工艺等;掌握现代针织设备的最新发展状况及应用;掌握针织产品工艺流程的制定及各工序生产工艺的确定方法;基于纬编组织学、经编组织学等理论基础知识,通过课程学习能够有具备针织产品设计与制备的能力。基于以上,将课程内容分为产品设计概论,纬编、经编针织面料生产与开发,针织物染整和新型针织面料的开发四个方面,四个知识单元又分为九个章节进行讲解,结合实验,生产实践,网上仿真模拟等环节,达到培养目标。纺织专业的学生互联网知识都很生疏,需要在课堂上适当的补充[17]。本课程以针织理论和技术为基础,所涉及的知识点多,具有知识范围跨度大的特点。掌握本课程不仅需要扎实的基础知识,还需要投入较多的理论学习时间和工程实践精力。本课程具有很强的应用性,需要老师和学生之间尽可能多地进行指导和互动。

2.2 教学模式现状分析

本课程是一门综合性、实践性很强的课程。教师在教学内容上应将市场信息和纺织工程有机地结合起来[18]。为了提高学生的实践能力和学以致用的积极性,还需要带领学生到生产实践基地进行考察和实践。随着纺织企业的改革转制,原有的国企实践基地大多不复存在[19-21]。近3年的新冠肺炎疫情导致企业难以接受学生进行现场专业实习。在授课中应注重启发式教学方法,加强师生之间、学生之间的交流,引导学生独立思考,强化思维训练。授课教师应充分利用互联网的快捷便利性,基于网络、QQ、微信、学习通APP,整合网络资源、课程资源,打破原有教学模式,以学生为中心,从被迫满堂灌输理论推导分析中走出来,侧重学生能力的培养,教、学、思、做合一,突破课堂、课时的限制,走向开放式、对话式的教学,课内课外、线上线下有效结合[22-24]。三年来的新冠肺炎疫情,使得网络教学成了学生接受知识的常态化方式,如何将针织新产品设计与开发这样一门实践性很强的课程,利用互联网技术提高学生的网课学习效率、积极性和体验是亟待解决的现实问题。

借助讨论课,让学生充分参与讨论,加强师生之间、学生之间的交流,调动学生学习的积极性。在教学中逐渐引导学生观察市场流行信息,确立一种或一类纺织新产品,进行资料查询、阅读,指导学生开展市场调研,完成纺织新产品设计报告。在学生完成的报告基础上,开展课堂交流、讨论。在实际教学中,教师可以根据实际教学情况安排或调整讨论课内容。

2.3 考核模式现状分析

对于本课程,学生的基础知识水平不同、学习能力差异较大,增加了本课程的教学和考核难度。本课程需要制定层次化与多元化的教学与考核实施策略,且根据学生学习过程的考核情况对教学方案和实施策略进行调整,并进一步建立更新机制。课程实施中建立全过程、全方位的评价机制,进行过程性的考核。

3 教学改革措施

在教学中,基于工程教育专业认证的核心理念(以学生为中心,以成果为导向,进行持续改进),对课程的教学内容、教学模式和教学考核方式等方面进行了改革[25-27]。通过本次课程改革措施希望教学内容和方案能够实现以下目标:

(1)拟建立一个满足纺织应用相关专业人才培养需要的针织新产品设计与开发课程体系;

(2)通过课程内容与相关课件的重新整合,以优化相关针织新产品系列课程的内容,建立一个多层次、立体化的实践教学;

(3)探索一种适合针织新产品课程的多

角度教学方法;

(4)通过设计实训项目、完善教学体系、改进教学技术,使多媒体教学技术作为辅助手段而不是唯一手段。

本项目的研究成果将直接应用于本科院校纺织类学生的专业课教学,并且可以推广到其他专业的教学中,扩展性强,可以根据教学需要、灵活添加教学实践模拟仿真软件,实验教学,生产实习教学等,使教学效果得到显著改善。不会因为科技的进步和企业的发展而落后于企业的需求。

3.1 教学内容的改革

"针织新产品设计与开发"课程主要内容包括了针织原料、针织纤维性能要求和准备工艺、纬编工艺与设备、经编工艺与设备、针织物染整工艺、复合丝的编织工艺、针织物的质量分析,针织新产品的开发等。以学生为中心,紧紧围绕学生的发展需求,聚焦学生的能力培养,依托项目组成员编写的教材,把课程内容分成八个项目展开教学。每个项目依托一个实际工厂生产环节,对针织产品的设计开发进行解剖,特别是在纬编和经编工艺环节,结合生产实践环节,利用本项目课题组所拥有的横机、经编机,大圆机等进行实体操作,在染整工艺环节,通过丝针织产品的精练实验,要求学生实地了解丝针织产品,了解精练的目的及质量指标,精练助剂的选用,影响精练的因素(pH值、温度、浴比、水质、时间),精练的方法和工艺,提交实验报告。在实践教学环节中必须建立以问题提出、方案制订、过程执行、结果反馈为主线的闭环式实践教学体系,及时了解学生对课程学习的要求和想法,大大提高学生的参与度和积极性。

3.2 教学模式的改革

"互联网+"课堂的教学模式,即综合应用各种信息化手段和教学方法,完成理论讲授部分。下课前,通过学习通完成随堂测试以便了解学生知识掌握情况。课后,教师通过学习通发布随堂练习,检测学生课前完成情况。通过课前预习及练习情况汇总数据调整本次课的教学难点。学生完成课后作业,上传至学习通平台。在针织新产品的开发设计环节,利用现在的互联网数字图像处理技术,通过上机操作使学生全面了解和掌握纺织品计算机辅助设计的原理和方法,具备利用计算机辅助设计系统进行针织物组织设计和进行素织物、花织物的辅助设计的能力。学生在学习通接收任务,自主上网查询流行趋势产品或感兴趣的产品,了解基本结构特性,利用 HQPDS 制版软件画纬编结构仿真图,wkCAD 软件画经编结构仿真图,multisim 虚拟仿真软件完成对织物结构的绘制,完成图形设计报告并登录学习通上传。在该环节,教师通过 QQ 班群或微信群提醒学生接收任务单,并通过 QQ 或微信或学习通讨论区指导学生查找资料、设计和仿真,学生也可以通过学习通在线课程中的相关微课资源学习如何完成任务。为确保突发疫情的教学质量,授课老师应该可以结合雨课堂、腾讯会议和钉钉软件进行线上教育。为了确保网课质量,课题组应该定期交流网课授课经验,并对心授课老师进行培训和指导。学有余力的学生可以到大学生慕课网上进行扩展学习。教改中所涉及的主要"互联网+"技术如图 1 所示。

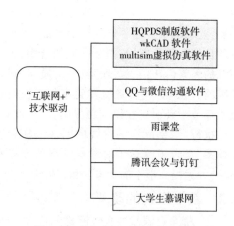

图 1　教改中主要"互联网+"技术

分组合作教学模式,即以学生为中心,因材施教,分组合作,让每个学生都能收获成功。在实施中,将全班学生合理搭配,分成学习小组,每组 4～5 人。课前,各小组接受任务,学习、研究资料,完成课前任务,并将作业提交至学习通平台。实践部分,各小组合作完成仿真或实验,分析数据,独立完成报告。理论部分,各小组进行讨论分析完成理论知识的学习和积累。课后,组内、组间相互讨论独立完成理论作业或报告。教师以学生学习小组为重要的教学组织手段,通过指导小组成员展开合作,形成互帮互助的学习模式,发挥群体的积极功能,提高学生的学习动力和能力,达到完成特定的教学任务的目的。

3.3　教学评价考核方式的改革

上机操作和实践环节评价分三方组成,教师(评价全体学生,权重 40%)、小组(他评,权重 30%)和个人(自评,权重 30%),每一方按照评价标准对学生活动进行评价。评价完成后可生成雷达图和项目总分发布给学生。基于单个项目评分,可以比较教师、小组评价和自评不同,找出忽视或过高之处,在之后项目中加以重视。可以比较综合得分高低,对于表现优秀的学生,教师提出更高的要求;对于得分较低的或有薄弱部分的,教师要有针对性地提出建议和有效措施。基于前后项目,可以比较某一评价指标得分的变化,比较进步与否,教师需继续提出建议和有效措施,帮助学生顺利完成学习任务。本文所提出的新评价考核方案可以总结为,如图 2 所示。新的考核方案具有反馈评价机制和个性化指导策略,不仅能确保教案的科学合理性,也能促进人才培养质量。

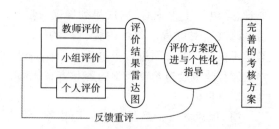

图 2　评价考核方案

本文所提出的教改总体方案,如图 3 所示。在分析现有课程教学考核的优缺点基础上,遵从制定的改革原则,提高我国纺织工程专业人教育教学能力。

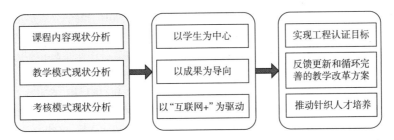

图3 教学改革总体方案

4 结论

　　本课题以浙江理工大学的"针织新产品设计与开发"课程为背景，以纺织工程20级本科学生为载体，基于工程认证为背景中的培养目标，以技术赋能、"互联网+"为驱动，通过课程资源系统、丰富基本要求建设教学资源共享体系，进行了教学内容与模式的研究和改革。本文提出的多元化启发、研讨式互动、全方位实践教学、多样化结合、过程性评价改革措施，并进行探索及实践。本课题期望促进纺织工程专业教学质量，不断提升学生的工程实践、创新创造创业、团队合作、语言表达、独立思考、发现问题、分析问题及解决问题的综合能力。本教改方案为提升我国纺织工程专业人教育教学能力提供参考和指导。

参考文献

[1] 刘书涛,赵秀.纺织新材料在针织面料上的开发与应用[J].山东纺织经济,2022,39(3):36-38.

[2] 聚焦新材料与纺织智能制造[J].纺织报告,2017(1):1-12.

[3] 王震,赵宝宝,梁勇,等.基于OBE理念的"针织CAD"课程建设探索与实践[J].山东纺织经济,2022,39(8):33-35.

[4] 朱聪聪."互联网+"背景下"针织服装设计"课程教学改革实践[J].纺织服装教育,2022,37(3):272-275.

[5] 蒋婵.IR微元素抗菌新材料[J].纺织科学研究,2018(7):48.

[6] 张慢乐,杨群.新型功能材料在纺织服装中的应用[J].中国纤检,2022(4):108-111.

[7] 陶世嘉,刘茜,卢婷婷.智能纺织材料的概述及其应用[J].时尚设计与工程,2018(3):34-39.

[8] 余琴,田丽.基于智慧课堂的"针织工艺学"课程思政探索[J].纺织服装教育,2021,36(4):335-338.

[9] 黎云玉,谢光银,郭嫣,等.工程教育专业认证背景下的课程启示及教学改革:《纺织史概论》课程教学改革探究[J].智库时代,2019(39):191-192.

[10] 韦玉辉,苏兆伟,袁惠芬.工程教育认证背景下服装设计与工程专业实践课程教学改革与探索[J].轻纺工业与技术,2020,49(6):129-131.

[11] 曾嵘,任玉,刘建文,等.基于工程认证的化工原理实验教学改革探究[J].山东化工,2021,50(21):210-212.

[12] 杨晓冬."互联网+"背景下"课程思政"和"线上+线下"教学模式的探索与研究[J].北华航天工业学院学报,2022,32(2):41-43.

[13] 张佩华,蒋金华,陈南梁,等.思政教育融入"针织学"课程教学的探索[J].纺织服装教育,2022,37(4):313-316,337.

[14] 王秀燕,王秀芝,穆慧玲.基于多维教学目标的针织学知识体系模块化设计[J].山东纺织科技,2021,62(6):37-39.

[15] 阮芳涛,毕松梅,徐珍珍,等.纺织工程专业"针织新技术"课程教学方法和内容优化[J].轻工科技,2020,36(7):212-213.

[16] 潘早霞.金课导向下服装设计类课程混合式教学模式探究:以《针织服装设计与技术》课程为例[J].轻纺工业与技术,2020,49(6):140-141.

[17] 葛涛,刘静."针织物设计"课程的模块化教

学与实践[J]. 纺织教育,2011,26(1):
51-53.

[18] 陈晴,马丕波,董智佳,等."针织产品设计"
课程改革探讨[J]. 轻纺工业与技术,2020,
49(4):139-140,142.

[19] 徐蕴,李龙凤,陈惜明,等."互联网+"背景
下智慧课堂教学模式的构建:以高校"化工
基础"课程为例[J]. 科技与创新,2022
(17):107-110.

[20] 余琴,谢金刚. 基于混合式教学模式的大
数据挖掘应用研究:以"针织工艺学"课程
为例[J]. 安徽职业技术学院学报,2020,19
(2):89-92.

[21] 阮芳涛,徐珍珍,孙妍妍,等."针织新技术"
课程建设的探索与实践[J]. 轻工科技,
2017,33(7):163-164.

[22] 许瑞超,张一平,刘云. 针织学课程的改革
与创新[J]. 河南工程学院学报(自然科学
版),2010,22(2):63-65,69.

[23] 李萍,罗秋兰,张焕侠. 模块化—多元化教
学法在针织学课堂中的探索与实践[J]. 山
东纺织经济,2020(9):44-47.

[24] 孙妍妍,毕松梅,袁惠芬,等. 新工科背景
下基于OBE教育理念的纺织工程专业工程
教育模式构建:以针织方向为例[J]. 轻纺
工业与技术,2018,47(3):50-52.

[25] 陈思. 工程教育专业认证背景下"针织
CAD"课程教学改革:以内蒙古工业大学为
例[J]. 纺织报告,2020,39(4):115-116.

[26] 周建,刘建立,傅佳佳,等. 工程教育专业
认证下纺织工程专业课程达成度评价的实
践探索[J]. 纺织服装教育,2019,34(6):
495-497.

[27] 孙辉,于斌. 面向工程教育专业认证形式
的"纺织应用化学"课程教学改革探讨[J].
教育现代化,2020,7(49):52-55.

"针织成形工艺学"课程教学改革新思路

唐宁,祝国成,王金凤,郭勤华

浙江理工大学,纺织科学与工程学院(国际丝绸学院),杭州

摘 要:针对现有"针织成形工艺学"课程内容更新慢、教学方式单一、教学外部环境缺乏,学生体验学习机会少等问题,提出结合最新无缝一体成衣技术调整教学内容、采用翻转课堂及 MOOC 等丰富教学模式、深化校企合作,为学生提供体验式学习的外部环境等教学改革新思路。

关键词:教学内容;教学模式;校企合作;一体成衣

"针织成形工艺学"是纺织工程专业针织工程与贸易方向的一门重要且专业针对性极强的课程。虽然这门课程针对已有部分专业基础的大三学生,但仍因为课程难度大、课程内容抽象等,导致上课时学生觉得难以理解且枯燥乏味,对理论类课程缺乏学习兴趣。针对这一现象,笔者积极探索适合本科生学习的"针织成形工艺学"课程教学改革新思路。教育应激发学生主动学、持续学,而不局限于通过学习一门课程掌握一项技能或获取一些特定的知识。为提高纺织相关专业毕业生的专业能力,必须对"针织成形工艺学"课程进行改革探索。基于此,笔者把体验学习法引入"针织成形工艺学"课程教学过程,以提高学生对理论知识的学习兴趣、加深学生对理论知识的理解深度、增强学生学以致用的动手能力。依据教学目标,将"入企体验"作为本门课程的重要组成部分,丰富课程体验内容,通过改变传统教学模式,激发学生对"针织成形工艺学"的学习兴趣,使"针织成形工艺学"在纺织工程专业教学体系中成为"有用"的课程,使"针织成形工艺学"真正成为一门对学生未来就业"有用"的课程。

1 "针织成形工艺学"课程教学现状

1.1 课程内容更新慢

"针织成形工艺学"实际上是以袜子为对象介绍无缝一体成衣技术和相关工艺以及相关织造机器的专业课程。课程重点参考的是由天津纺织工学院(现天津工业大学)主编,纺织工业出版社 1979 年出版的《针织学》第二分册。然而无缝一体成衣技术经过近40年的发展,已增加了许多新的内容。同时进入21世纪后,数字信息技术的发展也带来了织机织造方式质的飞跃。而"针织成形工艺学"的课程内容仍停留在40年前,尽管无缝一体成衣技术的编织原理不会有本质上的变化,但织造机械的改进会导致工艺的改变,由此学生无法真正地做到学以致用[1]。

1.2 教学方式单一

"针织成形工艺学"课程教学方法仍以教师讲授大量的理论知识为主,教学模式单调、教学手段单一。同时由于课程内容抽象难懂,仅靠讲授无法完全使学生理解,导致学生主动学习意愿不强、课堂参与度低、师生互动较少,教学效率与效果不尽如人意。此外,"针织成形工艺学"课程设置为纯理论教学,教学过程中实践教学占比为零,导致与企业实际生产情况严重脱节,所学知识难以应用

于实践,学生无法从实践中体会和理解所学知识,培养的专业人才难以满足岗位需求,导致学生面对实际工作时无从下手。

1.3　教学外部环境缺乏,学生体验学习机会少

浙江省是我国纺织产业链完整且产业集群程度较高的省份之一,其中宁波象山县更是全国最主要的针织服装生产基地之一,针织企业资源丰富。虽然我校纺织工程专业的"针织成形工艺学"具有得天独厚的外部条件,且校企合作广泛,但与"针织成形工艺学"这门课程对口的企业目前较少,导致学生入企参观和实习机会较少,对理论知识的理解不够且实践能力欠缺。而且,学生参观实习在一定程度上会减缓企业生产效率,因此相关企业参与学生联合培养的意愿和积极性不够高,难以达到协调育人目的。此外,虽然我校纺织学科实力在全国纺织学科中名列前茅,其中纺织工程更是国家双万专业,具有非常夯实的纺织基础。但学科目前所拥有的一体成型袜机试验机相对老旧,仅能用于向学生讲解机械构造,难以实现学生动手操作,进一步导致培养的专业人才理论知识掌握不够扎实且、动手能力差、缺乏实际生产经历和考验,这与企业人才需求有一定的脱节。

2　"针织成形工艺学"课程改革措施

2.1　调整教学内容

纺织类人才培养应以就业为导向,构建工学结合的教学体系,在设计"针织成形工艺学"课程的教学目的、教学内容、教学方法时,要以企业人才需求标准为导向,降低学生进入企业后再培训的成本,提高学生的就业竞争力。教学内容不能局限于书本中的一体成型工艺流程、三角结构、三角运动、走针方式等理论知识,还要与时俱进,及时补充与更新,结合最新无缝一体成衣技术、编织机械等,以激发学生主动学习的热情。同时还可

补充近年来一体成衣用新材料、新工艺以及数字化智能织造技术等,减少传统教材中存在的知识盲区,从而尽可能缩小理论教学与现实社会生产之间的差距。

2.2　丰富教学方式

课堂上,采用翻转课堂、MOOC 等教学模式等将理论知识点传授给学生,改变传统讲授式教学,同时还可以利用虚拟现实将目前一体成型车间生产流程展现给学生,让学生对一体成型技术有更直观的感受[2]。此外教学时将学生分组,通过课堂讨论等加深学生对知识点的记忆,提高学生的组织能力和沟通能力。教师作为课堂的组织者与引导者,对学生的付出和努力给予积极肯定,并对不足之处予以点评,对学生存在的疑问进行讨论,引导学生主动学习,积极创新。同时增加实践教学的比例,通过袜子厂和一体成衣厂现代化车间参观和实习,将抽象难懂的知识点在理论教学与实践教学中充分融合,使学生真正做到学以致用,达到教学内容与技能要求相匹配的效果。

2.3　深化校企合作,提供体验式学习的外部环境

首先,要加大与相关针织企业的校企合作力度,目前纺织类院校的实习、实践基地普遍以面料加工厂、服装厂、印染厂和纺织外贸公司为主,而袜子厂和针织内衣厂相对较少,压缩了学生的实习空间,限制了学生职业能力的发展。因此,校企合作项目不能只局限于传统纺织企业,要扩大与无缝一体成衣相关企业的合作,进一步扩大学生实习实践基地的建设范围。其次,要加大校企合作的深度,目前学生到企业实习,多为参观或做一些辅助性工作。通过深化校企合作,让实习学生参与到更具技术性的生产活动,以加深学生对知识难点的理解。企业大多不愿意深入参与高校的人才培养,主要是因为企业固有思想认为学生实习实践对生产并无实质性帮助甚至有可能影响生产进度。中国纺织工业联合会制定的《建设纺织强国纲要》[3]指出要全力推进"纺织科技强国、纺织品牌强国、纺

织可持续发展强国、纺织人才强国"建设。在此背景下,越来越多的企业认识到了人才的重要性积极参与到高校的课程建设中,如课程内容、课程设计等,由高校教师与企业专家共同商讨确定,共同培养对口人才,实施"双主体、双责任"的协同育人模式。

3　结语

　　"针织成形工艺学"课程教学改革是一项长期动态的推进式项目,教师应该根据无缝一体成衣技术的发展与变化,以学生就业为导向,以市场人才需求为目标,不断调整教学内容,丰富教学手段,深化校企协同育人,提升学生的专业能力与实践能力,为学生在针织行业的职业发展打下坚实的基础,提高学生的就业质量。

参考文献

[1]　张华玲．无缝工艺技术的应用及发展趋势[J]．黎明职业大学学报,2008(4):75-77.

[2]　梅硕,李金超,何建新,等．"针织学"课程教学改革探讨[J]．纺织服装教育,2017,32(2):140-142.

[3]　刘晓青．《建设纺织强国纲要》重点摘要[J]．中国服饰,2012(6):22.

BOPPPS 教学模式在"机织物产品设计"课程中的应用

仇巧华[1],张赛[2]

1. 浙江理工大学,纺织科学与工程学院(国际丝绸学院),杭州;
2. 德州学院,纺织服装学院,德州

摘 要:结合新工科建设要求,以"机织物产品设计"课程为例,开展基于 BOPPPS 教学模式的课程教学创新设计,从课前、课中和课后三个环节打造高效课堂。尊重学生在教学中的主体地位,充分调动学生的积极性,提升学生学习效率和效果,以达到优化教学效果的目的。

关键词:新工科;BOPPPS;机织物产品设计;教学创新

新工科是以立德树人为引领,以应对变化、塑造未来为建设理念,以继承与创新、交叉与融合、协调与共享为主要途径,培养终身具有可持续国际竞争力、创造力、实践力和领导力的卓越工程创新人才[1]。这种新工科人才既要具备运用知识解决现有问题的实操能力,又要能够持续学习、自我更新、跟进知识和技术的迭代,成为引领科技革新和产业发展的中坚力量[2]。发展和推动新工科教育,是满足未来工程行业人才需求的重要举措。新工科建设包括新理念、新结构、新模式、新质量和新体系,其贯彻离不开高质量的课程建设[3]。

"机织物产品设计"作为纺织工程专业的一门专业必修课,旨在让学生熟悉并了解机织物设计的内容、方法及步骤,根据产品设计意图,合理选择原材料,设计织物规格,制定产品工艺流程。但目前这门基础课程教学效果不甚理想,学生自主学习能力和积极性不高,课堂互动效率低。分析原因主要体现在以下几个方面:一是课程教材内容陈旧,新知识更新滞后,创新性不强。当代大学生在信息化时代成长,关注新事物,对陈旧的事物容易产生抵触;二是本课程涉及较多先修课程的专业基础知识,学生对这些知识点有所遗忘,或者无法将其与本课程有机结合,造成学生知识架构零散不成体系;三是教学方式单一,本课程多是采用传统的教学模式,注重理论知识的教授,缺乏实践过程。以上这些原因可能导致学生失去学习的兴趣和动力,降低了其参与课堂学习的积极性。

在新工科建设的背景下,对工程教育培养的人才提出了更高的要求。现代大学的改革与创新,要建设高效课堂,强调以学生为中心,将教学的主体由教师转变为学生[4]。机织物产品设计作为一门重要的必修课程,更应该积极响应新工科建设要求,打破角色限制、更换学习主体,力争创新及变革,并应用于教学实践。

1 BOPPPS 教学模式介绍

BOPPPS 教学模式是加拿大教师教学技能工作坊 Instructional Skill Workshop(ISW)项目的培训模式。该模型注重教学过程中以学生为中心,提高学生在课堂中的参与度,同时注重教学反馈环节[5]。BOPPPS 模式引入课堂可以有效促进课堂教学,实现教学理论与教学实践的有机融合,引导学生参与课堂学习,激发学生学习兴趣,有效提升教学质量。该模式的教学过程包括以下六个环节:导入(bridge-in)、教学目标(objective)、前测(pre-test)、参与式学习

(participatory learning)、后测(post-test)、总结(summary)。本研究将以 BOPPPS 教学模型为基础,结合"机织物产品设计"的教学内容和教学目标,对本课程进行教学设计。

2 BOPPPS 模式在课程中的设计

2.1 整体教学设计思路

在课程教学过程中,着重培养学生的实践能力和创新能力。从基本概念入手,逐步深化提高,循序渐进教授其所涉及的关键技术,注重理论与实践相结合,使学生系统地掌握基础知识、技术及技能,培养学生的实际运用能力。本课程设计以"机织物产品设计"中第六章织物的筘穿入数设计为例,基于 BOPPPS 教学模式,采用理论与实践相结合的方式讲授。理论知识点包括缩幅率和钢筘的作用及有关的工艺参数(筘号、筘幅、每筘穿入数、内经纱数),实践部分根据已知的条纹织物分析其基本组织与经纬密,并计算其上机内幅、筘幅、筘号等工艺参数。

2.2 课程教学实施细节

2.2.1 课程导入

课程导入是指教师在课堂教学前进行的与教学内容相关的活动,目的是提高学生的学习积极性,帮助其提前进入学习状态[6]。针对本节的课程内容,教师课前发布导学任务,包括与本节课相关的先修课程的知识点及本节课的所学内容,绘制思维导图;并给每组分发一块条纹织物,让学生分析布料的基本组织结构和经纬密。为课堂讨论做好铺垫,让学生主动思考,引发学生的学习兴趣。课上,以穿经的动画视频导入本节课程,一让学生了解钢筘所处的位置及作用,另外通过视频激发学生的学习兴趣。

2.2.2 明确教学目标

教学目标是教学活动的导向,是预期学生通过教学活动达到的学习效果,即学生学完本节课应该掌握的知识。在讲授新知识之前,给学生提出本节课的学习任务,帮助学生建立学习预期。本节课的主要教学目标是要求学生重点掌握常见织物的穿筘方法及有关工艺参数的计算方法,难点是采用多种穿筘变化的筘号设计和内经数的计算。具体要求是学生在学完本节课后能够完成课前教师所给条纹织物的有关工艺参数设计与计算,将理论知识与实践有机结合起来。

2.2.3 课前前测

前测的目的是了解学生对与本节课相关的先修课程知识掌握程度以及课前预习情况。教师通过随机提问的方式了解学生对于钢筘的作用、筘幅、筘号等相关概念的掌握情况。根据前测结果可以调整后续授课计划,及时调整课堂的进度与深度,为本次课堂教学奠定基础。

2.2.4 参与学习

参与学习,即互动学习环节,以学生为学习主体,教师采用灵活多样的手段进行教学。本次课,结合每小组分发的条纹织物,教师对重难点进行讲解,学生自己分析织物基本组织、经纬密等参数,结合提问、讨论等多种教学手段层层深入揭示织物穿筘所涉及的工艺参数,积极引导学生完成对条纹织物样品的相关参数设计。通过以条纹织物为实例,与本章理论知识进行结合,促进学生对教学内容的吸收和内化。

2.2.5 后测

课堂结束前的最后 20 分钟,对学生进行一些小的测试,了解学生对于本堂课的掌握情况,是否达到本节课的学习目标。本次课中的后测环节中,教师针对性地出一道关于筘穿入数变化与筘号计算设计实例,对学生进行当堂测试。此过程不仅锻炼学生学以致用的能力,还使学生清楚了解本节课的收获,同时查漏补缺。

2.2.6 总结归纳

对课堂主要和重点内容总结归纳,并引出下次课内容。学生根据本节课内容对课前绘制的思维导图进行优化,教师对本次教学过程进行反思。同时可借助线上调查问卷,让学生对本次课堂进行评价,提出建议,对以后课程设计提供参考,不断实现对课堂效果的优化。

3　结语

　　本研究以 BOPPPS 教学模型为基础,对机织物产品设计第六章织物的筘穿入数设计为例进行教学设计。本课程设计方案体现了以学生为教学主体的教育理念,不仅有助于构建师生多元化学习共同体,还提升了课程的创新性和高阶性。我们相信,经过不断实践,BOPPPS 教学模式将会在构建高效课堂中发挥更大的作用。

参考文献

[1]　钟登华. 新工科建设的内涵与行动[J]. 高等工程教育研究, 2017(3): 1-6.

[2]　黎锁平, 焦桂梅, 周永强, 等. 新工科理念下高等数学能力培养型教学改革研究[J]. 高等理科教育, 2021(1): 81-85.

[3]　陆倩倩, 吴央芳. 基于 BOPPPS 模式的机械原理高效课堂建设和实施[J]. 中国教育技术装备, 2021, (18): 68-70.

[4]　杨娜, 刘宝华. 混合式 BOPPPS 教学模式的提出及在实践教学中的应用效果分析[J]. 山西高等学校社会科学学报, 2017, 29(4): 65-69.

[5]　王继年, 王珩, 陈明卫, 等. 互联网+BOPPPS 教学模型下临床医学专业实践教学体系的建立与实践[J]. 医学教育管理, 2020, 6(4): 325-329.

[6]　姚婉清, 佘能芳. BOPPPS 教学模式的教学设计要素分析及案例设计[J]. 化学教育(中英文), 2022, 43(18): 51-57.

面向培养创新人才的"新型纺织纤维及产品"课程建设探索

刘银丽,李妮,熊杰

浙江理工大学,纺织科学与工程学院(国际丝绸学院),杭州

摘 要:为培养具有扎实的纺织纤维专业知识和创新能力的复合型人才,针对纺织工程专业"新型纺织纤维及产品"课程特点及教学环节中存在的问题,通过引入 OBE(产出导向教育)理念,对教学内容、教学模式、评价方式等进行改革探索,以学生为本,以成果为导向,加强实践环节并建立过程监督和评价体系。教学实践表明,学生的学习积极性显著提高,不仅较好地掌握了专业知识,而且提高了应用能力,教学改革取得了良好的效果。

关键词:新型纺织纤维;教学设计;教学方法;教学改革;评价体系

随着科学技术的发展和人类生活水平的提高,纺织工业发展到了一个新的高度,纺织品对纺织纤维的选择也不再局限于传统纺织纤维。随着高分子科学的发展,各种新型纺织纤维被开发出来,并被应用于电子通信、航空航天、海洋等高新技术产业。各种新型纺织纤维作为高新技术领域的重要材料,被称为21世纪经济发展的支柱。此外,为了适应绿色环保和社会可持续发展的理念和总趋势,新型纺织纤维在纺织品中的应用将越来越广泛。"新型纺织纤维及产品"是培养纺织工程专业人才的一门学科基础课程[1]。重点讲述新型天然纤维、新型再生纤维、新型合成纤维新型纱线及新型织物等众多内容。新型纺织纤维具有专业性强、应用范围广等特点和优势。因此,"新型纺织纤维及产品"课程的教学目标是要求学生掌握新型纺织纤维的种类、来源及产品应用,提高学生的创新思维和能力,增强专业学习兴趣。

1 课程教学改革的必要性

《国家中长期教育改革和发展规划纲要(2010—2020 年)》强调,要以学生为主体、以教师为主导,充分发挥学生的主观能动性,把改革创新作为教育发展的强大动力,倡导启发式、探究式、讨论式、参与式教学,帮助学生学会学习[2]。OBE(out-come based duducation,成果导向教育)理念是一种创新型教育认知与思想,强调以成果为导向,以讨论式学习等方法培养学生能力[3]。为了解决目前"新型纺织纤维及产品"课程存在的问题,本课题通过引入 OBE(产出导向教育)理念,分别对"新型纺织纤维及产品"课程的教学目标、教学内容、教学模式和评价体系等进行改革,从而达到培养创新型纺织纤维专业人才的目的。本课题对创新型人才培养的"新型纺织纤维及产品"教学改革进行研究,探讨适合创新型人才培养模式的教学方法,开展课程体系及教学改革的实践探索具有重要意义。

2 课程教学目标要求及存在的问题

2.1 课程教学目标要求

"新型纺织纤维及产品"主要以理论性教学为主。通过本课程的理论教学,学生将具备以下能力。

（1）通过本课程的学习，激发学生学习新型纺织纤维及产品的兴趣，激发学生的爱国主义情感，提高学生较强的自主学习能力，培养学生强烈的社会责任感和创新思维方式，培养学生勤于思考深入研究问题、解决问题的习惯。

（2）通过本课程的学习，使学生系统掌握各类新型纺织纤维特性及应用领域，主要包括新型天然纤维、再生纤维、差别化纤维、功能纤维、高性能纤维等，掌握各类新型纱线及织物的结构、性能及应用。

（3）通过本课程的学习，使学生获得分析纺织纤维结构和性能关系的能力；综合运用所学知识分析如何发挥各种纤维优点的基本能力，如何利用各类纤维的优点设计新型织物的能力。授课过程中适当介绍当今国内外新型纤维在社会发展、科技进步、经济飞速增长中起到至关重要的作用，培养大学生求实、创新的意识和能力，培养学生的工匠精神和科学精神。

2.2　课程教学存在的问题

基于该课程内容繁杂，综合性较强，虽然易懂，但在具体应用于实践或服务课题研究方面仍存在一定困难。究其原因主要在于：

（1）课程以理论教学为主，学生缺乏对新型纤维材料的接触机会，综合实际操练较少，实践考核方面欠缺。

（2）教学内容分为新型纺织纤维种类、纺织纤维产品及应用范围等若干部分，各部分内容缺乏系统而翔实的案例资源。

（3）传统教学过程中，教师是主体，学生始终是被动受灌输的对象，学生学习目标不明确，因此，整个课程结束，学生收效甚微。

3　教学改革方案设计

3.1　教学目标设计

根据现代纺织工业大环境对人才的需求，我们制定了适应新形势下的纺织纤维及产品课程的学习成果，为配合学习成果的达成，对课程内容及体系进行了以下改革：

（1）课程内容突出"新"

通过调研、检索等手段，掌握新形势下纺织纤维在电子通信、航空航天、海洋等高新技术产业领域的最新发展，在学习原有知识内容的基础上，鼓励学生充分利用网络信息平台补充新型纺织纤维的特性、相对应的纺织产品及应用范围和特点等，结合日常生活中出现的新型纤维应用实例，激发学生的学习兴趣；结合新型纤维在航空航天、工业生产，医疗卫生中的应用，宣传建设"纺织强国"的行业发展理念，激发学生的学习积极性和创新意识，培养学生的创新精神；展示新型纺织纤维既能上天揽月、入海伏龙，又能应对新冠肺炎疫情、服务生命健康。激发学生的爱国热情、创新意识和职业责任感。

（2）课程体系突出实践和理论并重

注重实践教学，在课堂教学的基础上，鼓励学生走出教室，走进生活，多接触面料市场和参观一些大型的纤维、纱线、面料、辅料等方面的国际展览会，了解目前纤维的发展趋势，提高学生的学习兴趣，培养学生创新能力，强化学生对知识的巩固和理解。同时鼓励学生走进实验室，在实验室中，通过测试仪器了解不同纺织纤维的结构以及性能的差异，激发学生学习兴趣；鼓励学生以实验课题为基础，大胆思考探索，启发学生思考新型纤维的结构、性能及应用领域的相互影响和关系。借此，培养学生自主学习能力和创新意识，既能掌握纤维的基础知识，又能在设计开发新型纤维时灵活运用，实现本课程内容与科技创新的紧密结合，进一步增强学生自身的社会竞争力，使其真正成为适应市场需求的创新型复合人才。

3.2　教学实施

传统的教学模式以教师讲授为主，教学方式过于单一，难以调动学生学习的积极性；在教学过程中学生参与度不高，容易产生上课情绪不高、睡觉和玩手机等问题。调动学生的学习积极性是保证获得学习成果的重要一环。以学生为中心的教学实施，可有效提高学生学习兴趣和学习积极性，帮助学生获得学习成果。结合课程教学实际,以学生为中心,以目标和成果为导向,以能力培养为抓手,以参与式教学为手段,鼓励学生主动学习,激发其学习兴趣[4]。通过团队协作和交流,可以极大地提高学生的学习积极性和参与度,小组间的竞争也会激发学生的集体荣誉感,增强其学习动力。通过改革教学方式,使学生敢于提出见解,主动与教师及同学进行沟通交流,提升其解决问题的能力。"新型纺织纤维及产品"课程具体教学改革措施主要包括:利用网络资源,采用线上学习与线下学习相结合、自主学习与面授学习相结合的教学法,将课程教学分成课前、课中、课后3个阶段,鼓励学生在课前利用网络平台自主学习,课上与老师分组讨论,合作探究,课中结合任务驱动、分组教学、讲练结合等方法,课后完成学生拓展及教师反思。

3.3 构建科学的教学效果评价体系

与教学内容和教学模式相适应的评价体系有助于了解项目实施的价值和不足之处。区别于传统的教学评价体系,可通过适当降低期末闭卷理论考试所占比重,提高过程考核平时成绩所占比重,建立科学的教学评价体系[5]。综合考查学生对新型纺织纤维基础知识的掌握以及应用基础知识分析及解决纺织工业领域问题的综合素质,逐步实现从以考查知识为主向提升学生应用能力转变。过程考核包括参与课堂讨论、章节测验、课下资料查阅、小组汇报、课下活动参与度,以及网络教学平台利用、在线互动交流、在线学习情况、线上作业完成情况、在线课程参与度等。相较于传统的教学实施,新型的教学方法实施需要侧重考核学生对知识点灵活应用能力和实际解决问题能力。

4 结语

针对"新型纺织纤维及产品"课程教学过程中存在的问题,通过引入 OBE 理念,对课程目标、课程内容、教学模式和评价体系等进行改革。教学过程坚持以学生为中心,以成果为导向,采用翻转课堂、线上+线下混合教学模式等,实现学习成果的达成。通过建立学习成果评价体系,评价学生理论知识和实践操作方面的掌握情况。通过分析教学环节中存在的问题,对教学内容、实践环节等进行持续改进,为培养既具有扎实的纺织纤维专业知识又具有创新能力的专业人才进行了有益的尝试。

致谢

本论文为浙江省清洁实验室开放基金(QJRZ2112)、浙江理工大学柯桥研究院培育项目(KYY2021001S)、浙江理工大学科研启动项目(21202087-Y)和浙江理工大学桐乡研究院成果培育产业化项目(TYY202214)的阶段性成果。

参考文献

[1] 朱亚楠,葛明桥. 针对轻化类学生的《新型纺织纤维》教学研究与改革[J]. 内江科技,2017,38(6):153-154.

[2] 丁倩,陈霞,汪军. 基于 OBE 理念的"应用统计与优化设计"课程教学改革[J]. 纺织服装教育,2021,36(5):470-473,486.

[3] 高源. 基于 OBE 理念的"织物组织结构与设计"课程实践研究[J]. 纺织报告,2022,41(8):102-104.

[4] 张长欢,周伟东,王阳,等."纺织纤维科学"课程教学模式改革探索:以学生为中心培养"艺工融合"思维模式[J]. 轻工科技,2022,38(2):180-182.

[5] 徐丽慧,沈勇,王黎明,等. 现代纺织背景下"纺织化学"课程教学改革与实践[J]. 纺织服装教育,2020,35(6):508-510.

基于课程教学关键环节设计的"纺纱学"课程教学改革

吴美琴,李艳清,余厚咏

浙江理工大学,纺织科学与工程学院(国际丝绸学院),杭州

摘　要:本文探讨了纺织科学与工程专业"纺纱学"课程讲授过程中课堂导入、课堂互动、教学手段多样化、教学内容实体化、课程思政设计等关键环节的一些得失和经验,结合笔者的教学感悟和学生的反馈,以期对高校本科教学质量的提高有所帮助。

关键词:纺纱学;课程关键环节;动画教学;课程思政

近年来,本科生专业基础课程的学习得到了教育部的重点鼓励和扶持。教育界对高等学校本科生专业基础课程实施改革早已达成共识[1]。目前,我国高等院校本科专业课程的教学已初具体系,关于此方面的教改论文也层出不穷[2-4]。进一步开展专业课程的教学研讨仍是从事理工科基础教学的教师需要面对的考验和挑战。目前,理工科专业基础课程的教学主要面临以下3个难点:

(1)教师的教学能力、学生的兴趣和基本专业素质是教学顺利开展的重要前提。

(2)目前,理工科专业课程教学内容与科技发展和专业实践需求趋势不完全匹配。

(3)理工科专业课程的教学尚未形成有效的模式。简言之,靠学生空间想象和理解的理工科专业课程教学方法极大地制约教学的发展。笔者认为理工科专业课程的教学亟须摆脱知识点讲授模式,逐步向采用空间动画、结合工艺产品和融入课程思政转变。本文总结了笔者近年来给纺织类专业本科生教学的经验,希望更多从事专业课程教学的同行加入相关讨论中来。

1　课堂导入

一个有经验的教学工作者,能用简洁、生动、与章节内容紧密相关的导入语,巧妙地将学生的注意力迅速地吸引到课堂中。较有效的课堂导入方式就是将实物导入本次课程。比如,在讲到"精梳"内容之前,向学生提一个简单的问题:"大家在日常生活中有没有购买过高档的衬衫、西裤?"随后引入以前学习过的内容:"大家如果要制作高档衬衫一般用什么面料?"随后引入前几章学过的内容:"高档衬衫一般用什么棉纤维较好?轧棉采用哪种方法?这种方法的落棉率如何?"随后引入本章的内容:高档衬衫、轮胎帘子线等是否可用上一章梳理的工艺制备?随后继续展开讨论,引导学生思考:"需要提升哪几个性能才可能做到?""你们知道精梳是如何提高梳理效果的吗?"这样就成功地将学生的注意力转向了枯燥乏味的工程理论中,将本来在教学中略感头疼的纺纱过程分解成了几个相对简单独立的概念。

2　课堂互动

课堂互动似简实难,除了要求有较好的课堂导入作为先行,还需要有丰富的教学内容来支持和维护良好的教学环境。良好的课堂互动氛围,可以充分发挥学生的主动性,减少冷场。

坚持以学生为主的原则,在教学过程中,穿插复习前后连贯知识点,结合纱线生产实例,将枯燥的工艺流程控制指标(牵伸速度、开清棉工作角等)与日常产品(如高支纱、低支纱、混纺纱、高性能纱等)结合在一起,通过反复提问和回答,以鼓励和发散思维的方式,使学生更好地理解与掌握课程内容。

教师充当一个引导者的角色,鼓励学生之间的相互探讨和辩论。常用的方式是将一些简单直观的知识点挑选出来,让学生自行完成教学讲授及提问回答过程。具体地说,将一个班的学生分成若干小组,每组5~6人。采取自由分组、自愿选题的原则,学生按照自己的特长进行分工,自行选取资料完成备课过程、制作多媒体课件,先在小组内试讲,然后在课堂上宣讲。其他小组的成员进行提问,根据每个报告人的讲课表现和回答问题情况,结合总体讲授效果进行打分,作为同学们的平时成绩。在课程结束后,教师点评,并有针对性地提供指导意见。如果学生有要求,教师可以在课前提供必要的指导。采用这种教学方式,可以在较短时间内让教师和学生彼此熟悉,有利于加强学生之间的交流互动,同时也可以极大地提高学生的组织表达能力。针对每个学生的特点及时给予有针对性的指导,也可根据教学过程的成效和不足适时地调整教学进度和内容。

3 教学手段的多样化

在本科专业课程"纺纱学"课程教学过程中,通常会遇到一些学科专业性较强的工艺流程、机械部件和复杂工艺调整的理论推导,学生没有很好的空间想象能力,往往会感到无所适从,容易让学生产生挫败感和无力感。因此,在"纺纱学"课程教学过程中,要特别注意多媒体动画和纺纱流程教学,将复杂概念的生产线流程和部件的工艺参数简单化,便于学生理解。教学过程穿插了纺纱原料的开清棉、梳棉、精梳、牵伸、粗纱、细纱等全流程工作过程、部件构成和作用原理动画。但是,因纺纱学课程的知识点多、知识杂、主线学习

困难,如第三章的开清棉,既包括开棉机、清棉机、辅助机械等多类型多款式机械,还包括各类开松、除杂机械和原理等,因此,穿插以学生自主绘制的思维导图,让学生对所学内容有更好地巩固与理解。教学效果之好,让授课者也颇感意外。

教学实践表明,巧妙地使用图片和动画辅助教学可以在很大程度上解决学生空间想象力不足以及理解上的障碍。此外,还可通过网络平台辅助教学,将课程课件、动画和资料在学习通上分享。对于学生课后复习以及拓展知识面有非常好的效果。学生可以在课后补充因为听讲过程中思考或者单词不熟悉所造成的课堂笔记遗漏,同时可以通过网络平台对双语课堂上未能完全掌握的知识进行回顾。对于教师而言,不仅可以方便地通过网络平台引导学生提前预习较为重要的知识点,还可以在课后通过与学生的交流有针对性地布置作业,辅导答疑。

4 教学内容的实体化

兴趣和实践是学生掌握专业知识、巩固和发散思维的良好助力。在"纺纱学"课程教学过程中,为使同学们能更好地理解和应用,吸引学生的兴趣,在课程前后,笔者会针对性展示与本章节相关的纺纱原料和产品,如皮棉、散纤维、粗纺纱、高支纱、色纺纱和织物等,通过近距离接触和观察,对所学内容有较深刻的印象,从而更好地把握原料、产品、性能、机械、流程之间的关系。另外,为使学生对纺纱学的参数指标等内容有更深刻的认识,本节课还设有试验观摩课,实验室中以纺纱设备的部件、仪器指标、作用机理、参数调节原理等内容,从工艺流程初始到结尾进行有效地穿插讲解提问,让同学们更好地巩固与理解所学内容。

5 教学课程思政设计

"纺纱学"是纺织科学与工程专业的主干课程,为了有效建立学生大国工匠精神、职业

的自豪感和使命感,"纺纱学"课程注重课程思政内容的设计与穿插,期望以有限的时间向学生灌输纺织人的工匠精神,在未来创立无数的可能。例如,在课程引入时,穿插中华人民共和国成立初期纺织人承担历史使命,解决国内穿衣难题的事迹,感召学生的爱国热情和职业使命;在课程间隙,展示陈文兴、姚穆院士等科研工作者在基础研究和产业化推动中的成就,学生科研成果、挑战赛及企业品牌案例等,激励纺织学子的职业自豪感和自信心;同时,在讲解精梳织物等过程中,穿插我国高速织机面临的制造难题、企业在新冠肺炎疫情和国际环境变化过程中寻求新增长点的转化、不同企业的思路等小故事,开拓学生的思路,激发学生的创新创造力,激发大国工匠精神和专业知识联系实际的能力。课程思政环节设计后,学生的学习热情和动力有明显的改善。

6　结语

通过"纺纱学"这门课程的教学改革实践,讨论教学关键环节,如课程引入、课堂互动、教学手段多样化、教学内容实体化以及课程思政对专业课程的作用。笔者期望自己的课程教学经验与得失对有志于开展专业课教学活动的教师提供一些有益借鉴,通过与国内同行的交流,加强对本科生专业基础课教学规律的探索,也希望相关领域的专家学者对我们的不足提出批评和建议。

致谢

"纺织之光"中国纺织工业联合会高等教育教育改革项目(2021BKJGLX174)。

参考文献

[1] 牛宇佳,朱鹏飞. 独立学院城乡规划专业毕业设计及论文教改研究[J]. 中国电力教育,2014(9):134-135.

[2] GERVETTI, PEARSON P. Reading, writing and thinking like a scientist[J]. Journal of Adolescent & Adult Literacy, 2012, 55(7):580-586.

[3] CAMPBELL B, FULTON L. Science notebooks: Writing about inquiry[M]. Postsmouth, 2003.

[4] 余永建,于振,韩冬,等. 食品产品与开发课程教改现状分析及改革思路探索[J]. 食品工业,2022,43(6):192-195.

"机织学"课程教学改革思考

吴红炎,田伟,祝成炎

浙江理工大学,纺织科学与工程学院(国际丝绸学院),杭州

摘 要:"机织学"是纺织工程专业的主干必修课。针对课程内容多、课时少、理论教学效果差、实践教学环节薄弱等现状,从教学内容、教学模式和实践平台等方面进行教学改革思考和总结,以进一步提高"机织学"课程教学质量。

关键词:机织学;纺织工程;教学改革

"机织学"是浙江理工大学纺织工程专业主干课,是必修课。课程内容包括现代准备工艺学和织造学两大部分,集合了纤维、数学、物理和化学相关研究理论。"机织学"的教学任务是使学生掌握机织物制备过程中的各工序设备原理、培养学生工艺设计管理能力和产品质量控制观念,具备解决机织生产过程中实际问题的思路和能力,是一门理论与实践紧密结合且工程应用性极强的课程。

随着纺织科技的快速发展,我国纺织行业对纺织工程专业学生的要求逐渐提高,"机织学"课程建设越来越受重视,但由于该课程具有知识点繁杂,理论知识枯燥且设备传动抽象等特点,导致学生学起来难度较大;同时该课程薄弱的实践教学环节使学生对织造的工艺流程和设备不熟悉,学生难以胜任实际生产操作中的维护管理。因此,亟需对"机织学"课程进行教学改革以提升课程内涵和专业教学质量,使学生深入理解专业理论知识并灵活应用于实际问题的解决,同时增强学生的专业实践动手能力,致力于培养出应用型高级工程技术人才,以满足现代纺织专业发展的需要。

1 "机织学"教学现状分析

1.1 课程内容多、课时少

我校纺织工程专业的"机织学"课程包含现代准备工艺学和织造学两部分,其中现代准备工艺学涉及机织准备的设备结构、作用原理、工艺计算设计及根据不同品种选择工艺流程的方法,同时分析半制品质量和造成疵点的对策;织造学部分介绍了机织物的形成过程,开口、引纬、送经与卷取五大运动的配合。课程内容知识点繁多,工艺流程长且计算复杂,但我校教学大纲中"机织学"课程教学总学时为48学时,其中理论课为44学时,实验课为4学时。因此,繁多的知识点在48学时内进行详细讲授是非常困难,也是不合理的。

1.2 理论教学效果差

目前,"机织学"课程主要采用计算机多媒体进行线下理论授课。与传统的板书授课相比,多媒体教学可展示多样化的授课素材,如图片、动画等,从而帮助学生更好地理解知识点,但目前关于"机织学"的多媒体教学素材较少,没有将多媒体教学的优势充分发挥。同时课程庞大的知识体量使教师在有限课时下教学进度较快,满堂灌的教学方式使学生无法及时吸收课堂知识,而且较多的内容使学生无法分辨重点内容,课后复习跟不上,易导致知识点的遗忘。此外,机织生产过程中的设备结构和工作原理,学生仅能通过教材和教师讲解进行学习,而且某些设备内部的细小零件工作原理无法通过多媒体课件进行清晰地教学讲解,学生就只能通过想象进行

学习,严重缺乏对真实模型或者零件的认知,这就使得学生难以彻底理解和掌握知识点。

1.3　实践教学环节薄弱

"机织学"是一门需要密切联系实际的课程,实践教学环节对学生理论知识的理解具有很大的帮助。目前我校"机织学"课程实践教学仅有 4 学时。由于实验设备不足和时间的限制,进行实践教学时,只能采用分组实验模式,而且设备操作需要保证安全,学生在短时间内无法掌握,所以一些实验都只能由老师进行演示讲解,这两种实验形式的效果只是加深了实验操作者的印象,多数学生无法通过自身实际训练获得预期的实验效果,最终使得实践教学效果不理想。

2　"机织学"课程教学改革思考

2.1　精简教学内容,突出知识要点

随着教学大纲的变化,"机织学"课程内容知识量不变但是课时量缩减,而且机织生产过程中各工艺流程的重要程度、设备工作原理的知识难度也各不相同,因此,授课中不能像以前那样对所有内容都深入讲解、透彻分析,必须根据教学课时数和学生接受能力对课程内容进行梳理和精简。比如,在每章节授课之前,教师首先把本章重点内容罗列概括,以便学生对章节的系统掌握,使学生在接下来的学习过程中更有侧重点。课堂授课过程中对重点的工序和设备的结构原理进行全面详细讲解,对易于理解的部分,则采用粗略的讲解,安排学生在课下进行自我阅读。另外,教材中不少受力分析、成型分析中涉及较复杂的公式及其推导过程,也都不用详细赘述,只要求学生了解推导结果及基本原理。

2.2　多种教学模式结合,优化课堂效果

2.2.1　加强课堂互动,提升学生自主学习性

由于机织学课程工艺流程多,设备原理复杂,学生在上课时会感到枯燥乏味,难以长时间集中注意力,因此,老师要引导学生主动参与,抓住问题进行讨论,最后总结归纳,以激发学生的学习积极性和创造性。比如在讲解筒子卷绕运动及其原理时,虽然教材中列出的公式很复杂,但授课老师有针对性地抛出问题,学生们自由讨论,最终可以灵活应用公式分析不同卷绕方式下的筒子卷绕运动特点。此外,教学大纲中设置 1 ~ 2 节课,让学生在讲课过程中,利用所学知识进行讲授,每次上课时间为 5 ~ 10min。参与式教学既能提高学生自主性,又能收集有关材料,还能增强学生的语言表达和交际能力。

2.2.2　演示案例教学,帮助理解抽象概念

"机织学"课程中设备结构复杂,如果对设备结构没有系统的认识,其工作原理和工艺就难以理解。所以需要授课老师积极搜集大量的素材,比如,去工厂实地拍摄各工序的实际生产过程、设备图片,或者制作设备传动 flash 动画等,并在课堂上利用多媒体播放演示给学生,再加上教师的详细讲解,帮助学生更快理解复杂的装置构造和工作原理。此外,机织物生产工艺过程千变万化,很多原理和理论在课堂上听懂了,但是在实际应用中却不知所措。针对这一问题,教师可采用案例法进行教学,通过搜集工厂实际生产工艺单,在授课过程中根据知识点引入案例进行讲解说明。比如,结合工厂实际工艺进行案例分析,介绍每个工艺参数制定的原理及依据,分析工艺参数制订的合理性,采用案例教学后,学生在了解加工工艺的基本原理的同时,也能更好地了解机织物的特性与工艺过程之间的关系,为以后的工艺理论和工艺方法研究奠定理论基础,进而综合运用所学知识。

2.2.3　线上辅助教学,强化课程知识体系

目前我校"机织学"课程的教学方式主要是线下集中上课,授课方式单一,缺少灵活性,教师课上赶进度讲授知识点多,学生无法及时消化吸收,课下时间常按照教材进行复习,量大面广,不仅浪费时间,习得知识效果也不好。因此,教师可以利用网络学习平台组织线上课堂,比如钉钉、慕课、微课、学习通等。课前,教师可以将本章授课内容的相关

知识点上传,让学生可以有目标的进行预习;课堂上,教师可以利用线上教学平台采用抢答、选人、问卷、讨论等方式和学生展开互动,可以是知识点的提问,也可以是对先进技术的讨论,以提高学生的课堂参与度;课后,学生利用线上学习平台回顾课堂教学课件,或者布置课后作业。同时授课教师可以在网络学习平台上上传短视频进行重点知识点的讲解,这不仅可以帮助学生筛选课程重点,同时学生在课堂上没理解的知识点可以在课后随时补充学习,这种线上辅助的教学模式使学生的学习过程由被动变为主动,且有利于巩固学习成果。

2.3 完善实践平台、培养学生工程技术能力

在实践教学方面,将观摩为主变动手为主的实验。近年来,学校在改善实验教学环境、完备实验硬件设施等方面做出了努力。此外,联合企业或行业,搭建行业企业职业教育合作平台,摆脱单一的学校主导教学形式,开启校企共同育人模式。比如让企业主动提供实训场地和真实任务,给学生创造高质量的教学情境,为教师提供一个参与企业攻关项目、技术支持实践机会,也为学生提供实训、实习场所,让其在校期间就能学习企业的先进技术知识及先进管理理念等。

3 结语

"机织学"课程建设不是一蹴而就的事情,需要我们付出极大的努力。在转变教育教学理念,促进教学改革深入开展的同时,不断地完善课程模块构建,只要紧紧把握课程发展的特点,围绕教育教学的实际需要,坚持课程内容建设的思想性、先进性和科学性,从实际出发,就能形成适合专业课程体系要求的课程内容体系。通过对"机织学"课程教学进行改革与探索,旨在调动我校纺织工程专业学生对"机织学"课程的学习兴趣及主动性,进而提高学生的学习效率。

参考文献

[1] 谢胜,武鲜艳,易洪雷."机织学"课程教学的几点体会[J].纺织服装教育,2018,33(4):318-327.

[2] 王铃丽,陆浩杰.《机织学》实验课程模式改革的思考[J].纺织教育,2017,6:100-101.

[3] 王坤.微课在"机织学"课程教学中的应用研究[J].纺织服装教育,2016,31(6):392-394.

[4] 刘越,钱红飞,胡玲玲,等.强化实践应用能力培养的《纤维化学与物理》教改实践[J].山东纺织经济,2012,10:96-97.

工程伦理学教育中"PBL+CBL"教学法的应用实践

金肖克,朱鹏,邵怡沁,田伟,祝成炎

浙江理工大学、纺织科学与工程学院(国际丝绸学院),杭州;

摘　要:工程伦理学教育在当今的工程教育专业认证和新工科发展背景下其重要性进一步凸显,但我国的工程伦理学教育相较于国外仍处于初级阶段,PBL和CBL教学方法目前广泛应用于医科教育。由于工程伦理学的特点和这两类教学方法的契合度相当高,将PBL和CBL应用于工程伦理学教育中有着巨大的发展潜力。本文在对比分析PBL和CBL教学法异同的基础上,提出了"PBL+CBL"教学模式,并分别从教学目标和方法的明确、案例和问题的筹备及库的建立、课程实施三个方面展开了具体的讨论,并分享了该方法实施过程中的一些反思。

关键词:PBL;CBL;工程伦理学;教学改革;课程建设

工程教育是我国高等教育的重要组成部分,在高等教育体系中"三分天下有其一"。工程教育专业认证是国际通行的工程教育质量保障制度,也是实现工程教育国际互认和工程师资格国际互认的重要基础。2006年3月,由教育部、中国科协牵头成立了工程教育专业认证专家委员会,这标志着我国全面的工程教育专业认证工作启动。截至2018年底,227所国内高校的1170个专业通过了工程教育认证,分布于机械、化工与制药等21个工科专业类。随着各地高校意识到工程教育专业认证的重要性,申请的高校和专业数量迅速增加。而工程伦理教育是工程教育专业认证的重要内容,不仅为实现工程教育专业认证价值整合提供可能,更是实现工程教育专业认证伦理标准的有效途径。因此,在工程教育专业认证过程中,专家组对"工程伦理"课程提出了明确且具体的要求,不仅要求学校开设课程,同时也需要保证课程教学质量[1]。

对学校各专业工程教育而言,除工程教育专业认证的要求之外,全球化、知识经济、工程复杂性以及人类可持续发展面临的一系列问题,对世界各国的工程教育提出了新的挑战、新的要求。2017年2月,教育部启动了"新工科发展研究",同年6月9日《新工科建设指南》正式发布。该指南指出:以新技术、新产业、新业态和新模式为特征的新经济呼唤新工科建设,国家一系列重大战略深入实施呼唤新工科建设,产业转型升级和新旧动能转换呼唤新工科建设,提升国际竞争力和国家硬实力呼唤新工科建设。因此,强调新工科建设势在必行。新工科建设旨在推动现有工科专业的转型升级和改革创新,探索符合工程教育规律和时代特征的培养模式。高校在工程教育的大趋势之下,在新形势下新工科对工科专业以及工科学生提出了更高要求的背景下,工程伦理学不仅是工程教育的必要学习课程,更是工科学生投入工作前的重要质素培养目标。

1　工程伦理学教育的现状和存在的问题

在较早之前便已有国内高校开展工程伦理学教育,随着工程教育专业认证如火如荼地开展,越来越多的高校增设了这门课程,同时逐渐发现工程伦理学教育中存在的一些问题：

（1）传统的高等工程教育涉及工程伦理学的知识和内容较少，未建立较为成熟的工程伦理教学体系，难以满足目前的发展形势对人员伦理素养的要求。

近年来，高校纷纷开展高等工程教育教学改革，然而总体而言，我国工程伦理教育尚处于探索开发阶段。其中主要表现为学科划分不当及教育体系的缺乏，国内很多院校将工程伦理教育分属于思想政治教育学科，削弱了与工程专业学科的联系，另外，缺乏完整的教育体系、教学大纲和国内自主完成的教育资料。

大学生工程伦理意识淡薄，缺乏有关专业活动相关的伦理准则和道德判断的知识，没有形成工程伦理价值观，不能从不同的视角看待自己的职业责任，不能很好地理解不同服务对象的利益，也不能很好地处理各种责任之间的冲突，容易做出错误的决定。

（2）工程伦理教学过于侧重理论，忽视工程问题的跨学科性，缺乏切合本国热点的实例，使学生在面对实际复杂问题时难以做出正确的伦理选择。

我国高校普遍重视专业知识的教育，工程伦理教育课程一般都作为公共课开设，我国高校在教学过程中，长期都以技术和科学理论为主导，忽视人文理性和生态优化，大多数高校也缺少针对不同职业而开展不同的道德伦理教育，更没有针对工程师个人的责任伦理和工程师技术共同体的团体伦理来区别授课，使得在实际教育过程与工程专业学科不能恰当衔接，教学内容理论化、工程案例国外化，不能有效地解决国内工程项目中实际伦理问题。

（3）目前的工程伦理学教育方式仍以讲授为主，并不适合"工程伦理"这一以培养学生伦理问题敏感性、工程伦理决策能力为教学目标的课程。

美国工程伦理教育以工程师为主要对象向学生教授，具体的教育实施方式，通常采用伦理学老师或哲学老师与工科老师组成教育小组，共同对学生进行授课；课堂方式采用类似于MBA的案例教育模式，主要以老师与学生的互动为主要形式，使学生在案例分析和讨论的过程中学习工程伦理在实际工程当中的应用。教育形式以老师课堂教学、师生互动型体验式教学和学生自学三种途径结合，重点培养学生工程伦理的工程实践应用能力。

而我国工程伦理教育在教学过程中缺乏明确的教育目标、适合国内学生的教学手段和教育成果评价方法。教育方式主要是以教师课堂理论教育和思想灌输为主，缺乏对于工程案例的情景式互动讨论，尽管此种方式有助于学生系统掌握工程伦理教育相关知识，但缺少了学生对工程伦理认识和判断能力的培养，不利于学生未来实际解决工程伦理问题。

2 PBL、CBL教学模式的定义及实践差异

2.1 PBL和CBL教学法的定义

PBL教学法（problem-based learning）是以问题为基础，把学习过程置于复杂的、有意义的案例情境之中，以学生为中心，以小组讨论和课后自学的形式，让学生自主合作来解决问题的自我导向式学习，突出特色在于培养学生自主学习和终身学习的意识和能力。这种方法是20世纪50年代美国教育学家、心理学家杰罗姆·布鲁纳提出的，1969年美国神经病学教授Barrows在加拿大的麦克马斯特大学首先应用，之后很快欧美国家也广泛应用，包括在哈佛大学医学院、英国曼彻斯特医学院等全世界近2000所医学院校采用了PBL教学模式。PBL教学法遵循了建构主义教育理论，通过学生主体对客观知识的主动建构过程，使学生获得理论水平和综合能力的提高。香港大学医学院从1997年开始对新生进行PBL教学，对这种教学方法有较为成熟的经验。1986年，上海第二医科大学和西安医科大学将PBL教学法引入，主要应用于

医学教育领域。20 世纪 90 年代以来，我国引进 PBL 的院校逐渐增多，除医学院校外，也见于电子系统实验教学、电路原理课程、信息检索课、食品专业、旅游管理、现代教育技术、云计算、现代教育技术、软饮料工艺学及中学化学、地理等课程的应用。

CBL 教学法（case-based learning）是以案例为基础的学习，根据教学目标设计案例，以教师为主导，发挥学生的主体参与作用，让学生进行思考分析、小组讨论，从而强化知识点的学习，并提高学生分析问题和解决问题的能力。以案例为载体的教学方法自古有之，而作为系统的理论与实践结合的教学方法的"案例教学法"最早于 1870 年在哈佛大学法学院运用，由法学院前院长 Christopher Columbus Langdell 提出，之后哈佛医学院、哈佛商学院也引进使用了案例教学。1979 年，我国工商行政代表团访问美国后将案例教学法介绍到国内。迄今为止，在高等教育、中等教育的多个学科领域以及营销、酒店管理等多个行业广为应用。

2.2　PBL 和 CBL 教学法的异同

PBL 和 CBL 教学法存在着一定的相似之处，例如，都需要供学生提出问题的案例和直接分析的案例，因此存在把 PBL 称为 CBL 的现象，实际上两种教学方法在培养目标、案例编写、教师角色和操作过程等方面均存在差异（表 1）。

表 1　PBL 和 CBL 教学法的异同对比

项目	不同之处		相同之处
	PBL	CBL	
培养目标	让学生在发现问题、解决问题的过程中学会学习	在案例分析中达到教学目的所要求掌握的知识	需要注重学生分析问题与解决问题能力的培养，培养学生的独立学习能力
案例编写	案例需要兼顾"质"和"量"，避免出现学生无处发力的情况	要求内容基于理论与实践的沟通，突出知识的实用性	需要筹备质量较高的案例和问题
教师角色	主持人或引导者	主持人	需要从传统授课角色中抽离
操作过程	几乎全程由学生自主分组讨论完成问题提出、问题分析和问题解决等步骤；需要占据学生的课外时间	由教师提供实际案例或设定问题，在学生参与的过程中植入课程的知识点和培养内容	均需以学生自主学习、分析和解决问题为主

3　工程伦理学教育中"PBL + CBL"教学法的应用

由于 PBL 与 CBL 教学法各有优势和不足，目前国内外均有不少高校将两种教学法结合运用，主要在医学相关专业内采用得比较多。以下将主要针对工程伦理学教学中存在问题，结合课程特点和学情等相关情况，联合采用"PBL+CBL"教学法，试提出工程伦理学教育中"PBL+CBL"教学法的应用路径。

3.1　明确教学目标、教学内容和教学方法

工程伦理教学工作首先需要从教学目标、教学内容、教学方式等层面予以明确，形成有效、有针对性、系统性的工程伦理教育教学方法。

其中最为重要的有以下两点：首先，需明确伦理教育的目标是培养学生的工程伦理意识、掌握工程伦理的基本规范、提高工程伦理的决策能力，进一步明确是以社会责任培养

为核心。其次,采用以理论—案例—实践为主体的工程伦理教学方法,通过理论教学介绍工程伦理学中的相关概念,工程、职业与伦理,工程中的价值判断和道德推理等工程伦理使用方法,以及处理和应对工程伦理问题的基本原则和基本思路等;运用已经发生的真实的工程伦理事件,来描述其中的伦理道德困境、呈现解决其伦理问题的方法,依据真实案例,根据所学知识,引导学生自主分析案例中的伦理冲突、伦理困境;引导学生进一步思考:依据工程伦理规范和工程师章程,应当如何承担案例中的伦理责任?

3.2　筹备和建立案例和问题库

工程伦理学是一门交叉学科,教学内容涉及人文知识以及科技知识,融哲学、文学、社会学、工程学为一体,旨在培养学生的同理心、道德价值判断能力、批判辨别能力以及强烈的社会责任感。案例和问题的筹备是整个课程的最关键要素。

除了国内外各行业出现的工程伦理典型案例(公众抵制 PX 项目案例、温州动车案例、大数据时代信息安全案例等)之外,主动收集近期出现的案例,如疫情防控过程中出现的案例,通过对这些案例的整理、分析、归纳,按照工程伦理学课程知识点的教学要求将案例分别有针对性地植入到课程教学安排中;或通过引导学生关注社会当下热点、主动收集新冠肺炎疫情防控过程中出现的案例,以并从中提取存在的工程伦理问题并进行分析实践。

以新冠肺炎疫情防控出现的问题为例,通过教师自身经历、媒体新闻等途径收集各类工程伦理学分析和教学价值的各类型的工程案例,在保证案例真实性的同时尽可能使案例的图文丰富,确保案例中包含教学和学生自主分析所需的有效信息,根据工程伦理的框架将新冠肺炎疫情防控出现的问题拆解、分类。通过新冠肺炎疫情防控中伦理问题充当教学案例,能够帮助学生在面对日后可能出现的新冠肺炎疫情防控抉择时,作出正确伦理决策,避免同类问题的发生,所收集

的案例包括:疫情吹哨人的抉择、假冒伪劣口罩生产销售问题、黄女士封城期间离开武汉抵达北京、浙江监狱集体感染事件、多地疫情卡点人员私自放行等。通过在教学过程中融入工程实践中真实案例和真实问题,能够提高学生的自主性、参与性和加强真实感受。

建立工程伦理案例库是保障在工程伦理教学中快速高效地选取合适案例的前提,也是进行案例教学的基础。不仅要保证案例的时效性长、针对性强,还要兼具真实性、代表性以及启发性。目前我国针对经典案例库的建立尚不完善。邀请各相关专业(领域)优质师资参与工程伦理案例库的建设是最佳的方式,建设工程伦理课程的相关资源平台,所有建设成果包括教材、案例库、电子资源等可由所有共建院系共同享受、使用。通过工程伦理课资源的共享以及后继在线教学课程的建立,扩大工程伦理案例的行业覆盖面,帮助教师从多个领域、不同专业的角度切入到课程教学工作中,帮助学生能够从哲学、技术、经济、管理、社会、生态和伦理的维度理解工程伦理问题,具备面对复杂工程伦理问题的决策能力(图 1)。

3.3　课程实施

在课程实施中 PBL 和 CBL 相融合,因此完整的实施流程应当包含以下几点:

(1)案例的提出(教师);

(2)案例的深度调查和问题的提取(学生);

(3)问题的分析和研讨(师生、分组);

(4)知识点的融入和讲授(教师);

(5)报告和评价(学生和教师)。

在此需要特殊说明的是,部分采用 PBL 教学法、CBL 教学法或 PBL+CBL 教学法的高校,特别是国外高校,通过课程群的设置和线上线下融合的安排,在课程实施过程中不设置教师讲授相关知识点的环节。在不具备上述条件的情况下,建议加入教师讲授相关知识点的教学环节,同时建议在一个教学单元内或多个教学单元内完成完整的流程,而非医学领域内通常采用的全课程完成形式。

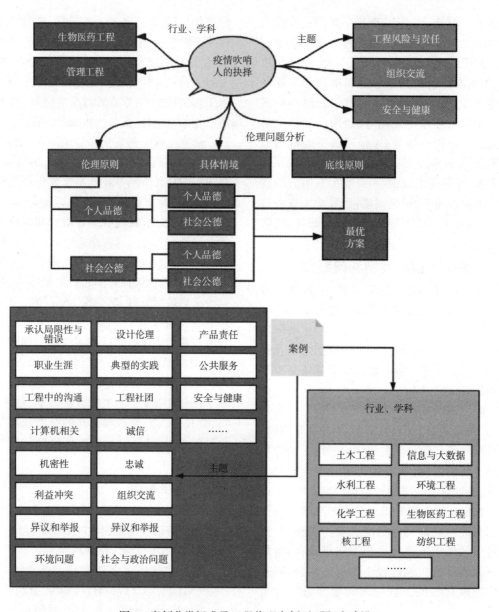

图 1　案例分类标准及工程伦理案例(问题)库建设

此外,由于工程伦理问题具有与发展阶段相关的历史性,与多利益主题相关的社会性,以及多因素交织的复杂性,为了培养学生具有从处理工程与人、社会、自然的关系的三个层面出发,应对工程中的伦理问题秉持人道主义、社会公正、人与自然和谐发展等基本原则,准确发现和辨识工程伦理问题,通过对当下工程实践及其生活的反思和对规范的再认识,将伦理规范所蕴含的"应当"现实地转化为"正确行动"的能力,在教师参与问题的分析和研讨的时候,需要坚持自身引导者的身份,及时从问题分析全面性、伦理道德观等方面进行引导。

4　"PBL+CBL"教学法实施反思

笔者在工程伦理学教育中应用"PBL+CBL"教学法的过程中,发现以下几个问题是重中之重,仍需要广大教师共同思考和提出更为有效的方式:

（1）案例和问题的提出及凝练。案例是本教学方法的根源，案例的选择、知识点的覆盖情况、信息的展现形式选择等都至关重要，对案例设计和编写提出了很高的要求，更应从整体上进行系统的设计和规划，而如何有效引导学生提出案例背后真正的问题，并兼顾学生的独立思考和查找信息的能力，更是需要注意。

（2）案例（问题）分析的形成性评价和评价精准度提升。通常采用的组内互评结合报告教师评分的方式是一个可行的方案，但是针对工程伦理教学目标中对学生的能力和素养的评价，存在较难量化的问题，从主观评定的角度而言需要建立一个较为标准、可实施的评价体系，同时避免问题分析变成照本宣科的朗读。

致谢

本论文为浙江理工大学校级教学改革项目（工程教育专业认证、新工科双重背景下的"工程伦理"教学改革与建设）和浙江理工大学纺织学院课堂教学改革项目（课程思政示范课程建设项目"工程伦理"）的阶段性成果。

参考文献

[1] 李玮琳. 新业态背景下高校工科专业改造升级路径的分析与研究[J]. 科技资讯, 2022, 20(21): 147-150.

[2] 尹惠茹, 宋华丽, 信永恒. PBL教学法在护理教学中存在的问题及改进策略: 以儿科护理学课堂教学为例[J]. 高教学刊, 2022, 8(29): 133-136.

[3] 郭锦鹏, 余立. 面向工程教育专业认证的高校课程评价方法改革与实践[J]. 数字印刷, 2022(4): 117-123.

[4] 耿海涛, 曹瑞娟, 杨志敏, 等. 情景模拟联合CBL教学法在肿瘤急症教学中的应用[J]. 中国继续医学教育, 2022, 14(13): 36-40.

[5] 徐苏. "工程伦理学"教学中的PBL模式运用研究[J]. 广东化工, 2019, 46(7): 250,248.

[6] 崔军. 回归工程实践: 我国高等工程教育课程改革研究[D]. 南京: 南京大学, 2011.

"纺织商品标准与检验"课程教学改革构思与实践

潘天帝,李妮

浙江理工大学,纺织科学与工程学院,杭州

摘　要:"纺织商品标准与检验"是一门综合性课程,包括纺织标准与标准化、纺织品品质检验基础知识和方法,涉及生产、检测和贸易等多个环节。针对课程教学中普遍存在学生学习积极性不高、参与度不高、教学效果不理想等问题,从教学内容、教学方式、考核方式的改革和课程思政的融入等方面进行初步探讨,以期提高学生的学习兴趣,培养高素质纺织行业人才。

关键词:纺织商品标准与检验;教学改革;课程思政

衣食住行是人们最基本的物质生活需要,纺织产品质量与安全直接关系人体的健康和经济发展,是社会关注的热点问题之一。培养具备纺织产品生产与质量检测基础理论知识、操作能力及掌握国内外纺织产品质量标准的人才对于纺织行业的可持续发展具有重要意义。"纺织商品标准与检验学"课程是纺织工程专业纺织材料与检验方向学生的一门专业必修课,是我国纺织工程专业工程教育认证的核心课程,其目标是培养学生建立纺织产品质量意识、分析和解决实际生产问题的能力以及掌握纺织产品质量检验的技能[1]。此外,在国际贸易背景下,对从事纺织品质量检控人员具有更高的职业能力要求,不仅要求学生掌握纺织商品所执行的国际标准和国家标准,而且要求学生探索提高纺织产品质量的措施,提升产品市场竞争力。但是该课程学科理论性强导致教学内容枯燥、学生学习积极性不高、参与度不高和教学效果不佳等问题。因此,探索如何改革教学内容、教学方法和考核项目等,是培养具备纺织产品标准和检验的高素质应用型人才的必然要求,为实现企业需求的精准对接提供基础。

1　课程简介

"纺织商品标准与检验学"课程主要包括以下两部分内容:

(1)标准及标准化基本知识

讲授标准的表现形式、制定方法、原则和分类以及我国标准与其他国家标准的区别。

(2)纺织品检验

讲授纺织品检验与纺织品质量控制的相互关系、纺织品检验方法和试验数据的统计和处理方法。通过本课程的学习,将使学生了解纺织品检验的作用和任务,理解纺织品检验与纺织品质量控制的相互关系,系统掌握各类纺织品标准的内容、纺织品检验程序、方法和试验数据的处理方法,初步具备纺织品检验的能力和纺织品质量意识。

2　教学现状及问题

2.1　传统讲授式教学枯燥性

"纺织商品标准与检验学"课程主要内容为标准的制定、构成、检索和检验程序、方法等。传统教学,教学模式单一,一般以"教师先讲、学生后学"的模式。对于学生而言,并不清楚学习目的也很难理解,通常造成学生互动性不强,课堂氛围低迷,学习主观能动性差,难以达到课程目标。

2.2 课程缺乏实践性

标准只规定"应"怎么办、"必须"达到什么要求、"不得"如何等,进而在检验中也只是运用各种手段对纺织产品的品质检验,确定是否符合标准或贸易合同。上述灌输式教育,只告诉学生该如何做,未能将相关理论知识应用到日常生活中,导致学生对知识点的理解不深。

2.3 考核方式单一性

课程考核是教学工作的重要环节,采用闭卷笔试考核易造成学生死记硬背、动手能力欠缺、考前突击的情况,不能真实体现教学效果。

3 教学改革设计与实践

3.1 教学资源库建设

了解纺织行业发展趋势,关注最新标准,更新教学内容,使教学内容紧密结合纺织产业发展对纺织产品检验人才专业技能、职业素养要求,保持课程内容的前沿性[2]。针对课程目标,收集符合纺织产品质量与安全问题的案例,引导学生思考防范对策和解决方法,建设纺织产品标准与检验学资源库。

3.2 教学和考核方式设计

该课主要依据国内外标准对纺织品各项指标进行检测,教学内容理论性强。因此从课程内容的特点出发,充分利用网络素材通过观看视频的方式,让学生直观地了解纺织产品存在的问题,引导学生讨论解决思路,增强与学生的互动性,提高学生的学习兴趣和积极性,正向反馈给教师,轻松上课和课堂氛围改善,双方共同受益,寓学于乐。

进一步巩固专业理论知识,还需将其与实践相结合。即在学习理论知识后,进行相关检验实验,锻炼学生实际动手能力,同时能帮助学生将所学知识运用到纺织产品开发的

实践当中。此外,带领学生去纺织品检验中心参观,增强学生对工作岗位的了解认识,为学生进行假期实践打下坚实的基础,进而培养学生细致的劳动精神,并能开阔学生眼界。在产学合作模式下,学生始终在产业背景下进行知识学习和实践能力锻炼,实现理论实践一体化,提升人才培养质量[3]。最后为使学生掌握的知识和技能达到国家相关职业标准和企业检测岗位的要求,期末考核除笔试外还可增加学生实践能力考核,体现考核多元化。

3.3 课程思政融入教学建设全过程

习近平总书记强调"把思想政治工作贯穿于教育教学全过程"[4],本课程教学还将围绕育人目标展开:通过将课程思政融入教学建设全过程,继承弘扬中华优秀传统文化,使学生在专业课程学习全过程中树立正确的人生观、价值观和世界观,积极实现学生的人生价值。通过在教学内容中挖掘思政元素,以开拓学生的视野,增加学生的学习兴趣[5]。以讲授"标准化的产生与发展过程"为例,启发学生思考标准最基本的组成成分(汉字),引导学生回想历史上"标准化发展的里程碑"——北宋毕昇发明的活字印刷术,增强学生的民族自豪感和自信心。另外,由学生查阅并讲述某个汉字的演变过程,弘扬中国传统文化。

4 结语

面对新时代纺织工程专业人才培养的高要求,通过对"纺织商品标准与检验学"课程改革的思路进行探索,将课程思政融入教学全过程,继承和弘扬中华优秀传统文化,树立正确的人生观、价值观和世界观。同时结合多元化教学方式和考核方式,体现理论实践一体化,培养具有纺织行业职业素养的应用型人才,为我国纺织行业可持续发展贡献力量。

参考文献

[1] 李妮,周颖,张华鹏,等.关于高等院校"纺

织品检验与贸易"本科专业方向建设的探讨:以浙江理工大学纺织品检验与贸易专业方向为例[J].东华大学学报(社会科学版),2016,16(4):203-206.

[2] 严悦.PBL在"食品标准与法规"课程中的教改探索[J].农产品加工,2022(16):118-120.

[3] 李伟义,甘敏."纺织面料检测"课程在理实一体化教改中的实践与思考[J].轻纺工业与技术,2017,46(4):34-35,48.

[4] 孙小明.翻转课堂与思政融合在临床药学专业"科研方法与论文写作"课程教改中的探索[J].广东化工,2021,48(13):257,260.

[5] 胡婷莛,操金鑫."环境规划与管理"课程教改构思与实践[J].广东化工,2021,48(7):247-248.

纺织类计算机应用课程成果导向教学模式的构建

翁鸣

浙江理工大学,纺织科学与工程学院(国际丝绸学院),杭州

摘　要:本文以"图像处理技术在纺织中的应用"课程为例,分析了成果导向理念的实施难点,从课程目标、课程内容和教材、课程教学设计、考核评价体系等方面论述了成果导向教学模式的构建。新的教学模式从能力目标反向设计课程目标和课程内容,重构教材,理论与实践紧密结合,建立基于讨论和互助的多维互动、全程跟踪评价和动态调整的课堂教学模式。改革后课程教学以学生为中心、全体学生共同进步,显著提高了教学效果,提升了学生的综合能力和素质水平。

关键词:成果导向;计算机应用;教学模式

近年来,随着计算机和网络技术的迅速发展,全球纺织工业正向智能化、数字化和网络化方向发展[1]。为了顺应时代的需要,浙江理工大学对纺织专业本科生开设了多门计算机技术课程,涉及纺织品辅助设计(CAD)技术、计算机图像处理技术、数据分析和挖掘技术等。

与此同时,为了培养满足社会需求的专业人才,纺织高校的教育体制也面临着观念的变革。从传统的以考试成绩为目标的教育逐渐转向以学生能力培养为目标的教育。因而,专业课程面临着彻底转变教学观念的挑战。

本文以"数字图像处理技术在纺织中的应用"为例,说明构建新的课程教学模式,以最大限度地提升学生的能力和素质,从而为社会输送高素质的专业人才。该课程是针对纺织工程专业本科生开设的专业选修课程,共32学时,安排在第7学期。

1　成果导向的教育理念

成果导向(outcome - based education, OBE)的教育理念最早由美国学者Spacy[2]提出,后被美国工程技术认证委员会(ABET)接受并纳入工程教育专业认证标准。成果导向的目标是让所有学习者均获得成功。为此,教育从明确学习成果开始,向下进行课程设计、实施和评估。

成果导向理念的实施关键包括:以明确的学生能力和素质为前提,进行教学资源配置和过程设计;创造激励环境,使每个学生有机会充分展示自己的成果,并以已获得的成功创造更大的成功;及时进行成果评价,动态调整教学设计以使学生获得最高成果。在教学环节中,要求教师因材施教,采用不同的方法使所有学生都获得成功。

2　成果导向理念在纺织类计算机应用课程教学中的实施难点

根据纺织类计算机应用课程的教学条件和现状,成果导向教育理念的实施具有以下难点:

(1)教学对象的个体能力存在较大差异

学生在一年级修读了计算机基础课程,具备基本的计算机编程语言知识和编程技能。然而,由于非计算机专业学生,课程体系安排不能使其持续地进行计算机编程的学习和训练,因而学生个体之间的编程能力和知

识接受能力存在显著差异,加大了全体学生能力和素质提升目标的实施难度。

(2)没有现成的适用教材

目前市场上计算机教材层出不穷,但以纺织行业为应用背景的计算机教材,除了计算机辅助设计(CAD)教材外,在其他计算机技术与纺织行业应用相结合的教材难以觅得。

(3)传统教学模式的弊端凸显

由于计算机课程理论性较强,以教师讲授为主的理论课难以吸引学生专注地听讲;以学生完成作业为目标的上机实践课,对于基础较差的学生来说比较困难。学生学习的内容与实际应用脱节,遇到实际问题无从下手。

(4)单一的考核方式不再适用

采用以期末考试的形式作为课程的考核方式,一方面容易造成学生突击应付的现象,另一方面难以对学生在整个学习过程中的表现以及能力素质做出客观的综合评价。

由上可知,成果导向理念在课程教学中的实施必须通过课程改革才能突破束缚,另辟蹊径。

3　基于 OBE 理念的课程改革措施

3.1　课程目标

依据现代纺织行业对专业人才的需求以及本专业对学生的培养目标和毕业要求,设定本课程的教学目标:

(1)知识目标

掌握计算机图像处理常用技术的基本原理,掌握 MATLAB 中相关图像处理函数的语法格式和编程方法。

(2)能力目标

能够编程实现常用图像处理技术,能够运用所学技术解决纺织行业中的实际问题。

(3)素质目标

具有社会责任感和工匠精神,具有创新意识,发现和解决问题、独立思考、逻辑思维、

自主学习、合作、表达和交流等能力。

3.2　课程教学改革措施

3.2.1　课程内容和教材的确定

根据课程目标,反向设计课程内容,使各内容服务于课程目标的实现。课程内容包括三个知识单元:MATLAB 基础、通信处理机及其 MATLAB 实现和图像处理技术在纺织中的应用。第一单元服务于软件操作和基本编程的目标能力,第二单元服务于图像处理技术知识理解和编程实现的目标能力,第三单元服务于图像处理知识综合运用、技术路线设计的目标能力,最终达到能够运用所学知识解决纺织行业中复杂工程问题。

选取"MATLAB 在图像处理中应用"课程的课本作为 MATLAB 软件和图像处理技术部分的教材,采用科技论文和教师的研究成果等作为技术应用部分的教材。

3.2.2　理论与实践相辅相成的教学设计

为了保证课程教学的每个阶段达到既定的目标,采用理论与实践交叉进行课程设计,这种设计包含两个层次。一是每个知识单元课程首先采用理论课讲授相关知识,在一个或几个知识点的讲授之后安排一次上机练习,使学生牢固掌握编程技巧、理解技术内涵。二是在理论课的讲授过程中,教师是口述和上机演示结合进行,给学生直观地展示讲授内容的含义;在讲授过程中设置断点,选择典型实例让学生进行操作,加快理解速度、加深印象。

3.2.3　多维互动和全程评价的课堂教学模式

成果导出理念的实施对于学生也是一个挑战。学生已经习惯了传统教育中被动接受的角色,使其转换为主动参与者需经历一个循序渐进的过程。为此,在课堂教学中引入以下三种模式。

(1)全方位讨论模式

理论课上,从教师提问学生回答开始,逐渐鼓励学生在课堂上随时提问或发表见解;在回答问题时,鼓励学生们提出多种答案并展开探讨。实践课上,每个学生就遇到的问

题与教师讨论;挑选学生间差异较大的题目,组织学生讲解和讨论不同的编程思路或技术路线,使学生相互借鉴并拓展思维空间。

（2）合作互助模式

即让计算机基础较弱的学生和较为突出的学生结为互助对象,一些基础问题可以在学生之间的讨论中解决,讨论过程中共同的问题再与教师讨论。这样的讨论可以使学习气氛更为轻松自然,也会因此延伸出更多的思考,最重要的是使基础较差的学生不会掉队,实现全体学生的共同进步。

（3）全程跟踪评价模式

教师在学生的讨论中随时了解每个学生的水平,对学生的能力水平进行评估,必要时调整教学设计和方法,使之适应个性化的需求。

3.3　课程考核评价体系

合理的课程考核评价体系是保证课程目标得以实现的重要环节,它能够引导学生树立正确的学习观念,激发学生全过程投入和参与的积极性,挖掘学生的潜在能力。为此,建立了结合上课出勤、课堂表现、平时作业和考核项目完成情况的综合评价体系,各项的分数占比见表1。

表1　课程考核评价体系项目分数占比

项目	平时成绩			考核成绩	
	出勤率	课堂表现	平时成绩	论文	汇报
占比	10%	10%	20%	48%	12%
合计	40%			60%	

平时成绩中三项成绩的评分标准如下:出勤率评分以全勤为满分,无故缺课3次为0分;课堂表现评分以专心听讲、积极提问或回答教师提问、积极参与课堂讨论和交流的为满分;平时作业评分以独立完成作业,并且在完成过程中体现出色的知识理解和应用能力、发现和解决问题能力、逻辑分析能力和创新能力的为满分。考核成绩中论文评分以能够运用课程教授的知识解决纺织中的复杂工程问题,图像处理技术和编程技术设计合理、结果正确的为满分;汇报研究内容流利、准确,且能够正确回答提问的为满分。

每轮授课结束后,对教学目标达成度和课程考核合理性进行评估,据此提出持续改进意见,并在下一轮教学中加以实施,从而实现课程教学的持续改进。

4　结语

以"图像处理技术在纺织中的应用"课程为例,根据课程的实施背景,探讨了以成果为导向的教学模式的构建。新的教学模式从能力目标反向设计课程目标和课程内容,重构教材,理论与实践紧密结合,建立基于讨论和互助的多维互动、全程跟踪评价和动态调整的课堂教学模式。改革后课程教学以学生为中心、全体学生共同进步,显著提高了教学效果,提升学生的综合能力和素质水平。本文所提出的改革措施可类推用于其他纺织类计算机应用课程的教学。

参考文献

[1] 贺春禄．蒋士成．实现中国纺织工业全产业链智能化[J]．高科技与产业化,2020（2）: 22-23.

[2] SPADY, W D. Outcome-Based Education: Critical Issues and Answers[M]. Arlington Virginia: American Association of school Administrators, 1994.

"纺织服装供应链管理"课程建设与改革

王伟涛

浙江理工大学,纺织科学与工程学院(国际丝绸学院),杭州

摘　要:随着当前纺织服装业和信息技术、物流等的不断交融共进,对纺织服装供应链管理复合型人才培养提出了新要求。针对"纺织服装供应链管理"课程学科内容跨度大、课程综合性较高、缺乏有纺织特色的典型案例、教学内容与实际应用有差距等挑战,通过融合多元教学模式和CDIO工程教育理念,并结合各自的特点和优势,从而有效提升课程教学效果,培养学生理论知识和实际应用能力。

关键词:纺织服装;供应链管理;课程改革;多元教学;CDIO

在纺织行业中,纺织服装是体量较大且各类模式创新最活跃的产业,但仍存在着上游研发不足、中游设备落后、下游品牌力和营销力缺乏以及全链路信息交流不畅等问题。因此,随着当前纺织服装业和信息技术、物流的不断交融共进[1],对纺织服装供应链复合型人才提出了更高的要求:不仅要精通一定的纺织服装专业知识,还要具备仓储配送、运输管理、信息技术等供应链管理能力[2-3]。

纺织服装供应链管理课程综合性强,涵盖内容多,包括了纺织服装和供应链管理两大块内容,因此学科内容跨度较大。此外,课程要求培养学生根据实际应用场景进行分析的能力,如纺织服装生产、采购过程中最优策略选择等,但由于授课课时受限且缺少足够的企业现实案例资料和数据等,容易导致学生对课程整体掌握不足,无法实现纺织服装和供应链管理两手抓。

本文基于纺织服装供应链管理知识体系教学过程中面临的难题,探索将多元教学模式以及CDIO工程教育理念融入课程教学中,致力于提升教学效果,并为行业输出优秀的纺织服装供应链管理复合型人才。

1　课程教学中存在的问题

1.1　学科内容跨度大

纺织方向的学生培养大多围绕纺织学科展开,主要涉及纺织材料和纺织纤维的生产与制造,纺织品的开发设计、织造工艺、轻化染整、缝制和销售以及纺织服装的设计、加工和贸易,有纺织专业基础,因此学生对于课程中纺织服装内容掌握较好。

但供应链管理理论复杂、知识点众多,且现有教材多以文字叙述为主,概念模型抽象,整体更偏向工商管理学科,因此学生的理解障碍和记忆难度增大。部分学生存在很难进入角色、对课程认同度低等问题,无法切身体会到学习供应链管理知识的意义,这提升了该课程教学的难度系数。

1.2　课程综合性较高

纺织服装供应链管理涉及整个纺织服装供应链上各个成员的协作与管理优化。课程内容涵盖了纺织工程技术、理论知识、工商管理以及信息技术,综合性强,这就对纺织学科的学生学习纺织服装供应链管理课程提出了更高的要求。

1.3　缺乏有纺织特色的典型案例

相较于传统的理论教学模式,案例教学可有效综合学生所学理论知识并在实际案例中加以运用,为培养纺织工程复合型创新人才发挥着重要作用[4]。

目前纺织服装教学案例以一般传统行业为主,有较长的历史,缺少新兴行业,随着时代的不断发展,已不太符合当前案例教学的

需求;另外,供应链管理教学案例多采用苹果、沃尔玛、戴尔等大型知名企业的经典案例,少有纺织企业,与纺织学科关系不够密切,学生代入感较差。因此,亟须拓展现代纺织服装企业的供应链管理典型案例,以满足课程教学需要。

1.4 教学内容与实际应用有差距

纺织服装供应链管理课程教学与实际应用存在一定差距。首先,在理论课程教学方面无法切实结合纺织企业实际情况,案例大多陈旧或是其他行业,不适用现代"纺织服装供应链管理"课程的教学。其次,配套实践教学方面存在不足,实习单位数量少、规模小、类型单一,实践学时有限或没有实践学时等都对课程的教学内容与实际应用相结合造成了阻滞。"纺织服装供应链管理"是一门应用性较强的课程,现有课程只是对理论知识的传授,学生参与度低,解决实际问题的能力较差。

2 课程建设与改革方案

针对"纺织服装供应链管理"课程教学中存在的诸多问题,通过有机结合多元教学模式和CDIO工程教育理念,对"纺织服装供应链管理"进行课程建设与改革探索。

2.1 多元教学模式在课程中的应用

多元化教学是指运用多种教学方法和教学资源进行教学以充分调动学生的学习积极性、开发学生的学习潜能,使教学活动达到最佳效果的教学模式。与其他教学方式相比,多元化教学模式在丰富课堂教学手段、激发学生兴趣和提高课堂教学效果等方面具有明显的优势,能在学生中取得较高的满意度[5]。

2.1.1 课程思政

课程思政是指以多种形式将各类课程与思想政治理论课同向同行,形成协同效应,把"立德树人"作为教育根本任务的一种综合教育理念。"课程思政"不是生搬硬套思想政治理论,而是通过教学设计,加强对青年学生的思想教育和政治引领。例如,通过引导学生关注国际经济形势尤其是纺织行业的未来发展趋势,了解纺织服装行业及其供应链管理与人民生活、与国家发展之间的密切联系,以提高学生对课程的学习热情,以增强民族自信心和培养学生爱党、爱国、爱社会、爱人民、爱集体的家国情怀。

2.1.2 线上线下混合教学

在新冠肺炎疫情大背景下,全国高校开始普及线上教学,以保障教学进度。线上教学除了不受场地限制的特点之外,相比线下教学,可以更高效地完成理论教学、课程辅导、作业提交和批改、课堂签到、大数据统计等多样需求,是新时代的新教学模式。线上教学具有回放功能,学生能在课后反复播放学习,有效提高学生对重难点知识的掌握。此外,在课程考核方面,线上教学具有建立题库、随机组卷等功能,节约了大量的时间成本和印刷成本。

然而,线上教学由于老师和学生缺乏面对面沟通交流,在上课过程中学生容易开小差甚至不听课,且在线问答相较于线下也更加费时费力,老师上课时课堂反馈较少或几乎没有。此外,针对一些实践应用教学,线上课程很难达到较好的教学效果。

因此,在纺织服装供应链管理课程教学中,应当在保留传统线下课程教学模式的同时充分发挥线上教学的优势,两种教学方法优势互补。例如,理论部分的课后巩固、作业提交和批改、课堂签到、大数据统计以及随堂测试等可通过线上完成,而实际案例的教学与应用可放到线下,在课堂上敦促并指导学生充分理解、融会贯通。

2.1.3 深入分析案例与实践教育

通过深入分析典型案例,利用个案全过程教学法进行多元视角和还原真实情况等的整体性训练[6]。该法较多应用于法学实践教学,在纺织课程与供应链管理课程中应用较少,但因其思路完整且融入角色扮演的方式,生动有趣,因此尝试将该法应用于纺织服装供应链管理课程的案例教学之中。学生分组扮演纺织服装供应链上的节点:化纤厂、织造厂、印染厂、服装厂、批发商、零售商,并进行演练,完成纺织服装从原料到成品的供应链案例实践。通过总结数据绘制图表并探讨成因和整改措施，进而加深学生对于课程的理解和掌握度。

"纺织服装供应链管理"是一门理论与实践高度融合的课程，教学中应从多角度、全方位思考如何加强开展实践教育。例如，增加课程实验学时、带领学生参加各类纺织服装供应链管理运营相关校内外学科竞赛、组织学生开展与课程相关的创新创业训练项目以及鼓励学生积极参与产学研基地学习和企业实习，真正实现让学生走出去体验纺织服装供应链管理的价值。

2.2　CDIO 工程教育理念的融入

CDIO 工程教育理念作为一种现代高等工程教育理念，以工程项目的构思（conceive）、设计（design）、实施（implement）和运行（operate）作为教育背景，着重强调学生进行项目实操和团队合作等方面的工程实践[7-8]。

CDIO 是倡导"做中学"和"基于项目教育和学习"的新型教学模式，与纺织服装供应链管理课程进行有机结合，使学生在掌握课程理论知识的基础上，通过参与供应链的管理，培养工程实践能力和良好的团队合作精神。

2.2.1　项目设计与训练

结合实例与教学内容，精心设计若干纺织服装终端客户的需求项目，让学生给出这些需求的供应链解决方案。为了完成这一目标，学生需要融会贯通课本知识，同时对课本中并未涉及的前沿知识进行扩充，有效扩大学生的知识信息量。此外，通过对纺织服装供应链上各节点工厂的生产、配送计划的选择、规划与管理，进行项目的实施和解决方案的完善，可以对学生的综合性应用能力进行训练。

2.2.2　丰富教学资源，改进教学方法

纺织服装供应链管理课程教学内容偏理论化，学生对实际供应链管理没有认识，略显枯燥乏味。因此，须丰富教学资源、改进教学方法，来调动学生的学习积极性。

首先，结合纺织服装供应链管理实际，引入大量实景照片、视频及动态模拟，将传统的教学理论形象化，提高趣味性和启迪性。通过这些生动的教学资源，使学生对课程基本理论更容易理解和记忆，并对实际的供应链管理有较好的掌握。同时，要结合时代发展，及时补充学科前沿信息和发展动向，适当删减陈旧的知识点，并根据课堂教学实际情况调整和完善教学资源。

其次，通过改进教学方法来提升学生的课堂参与度，例如，采用问题驱动式教学激发学生学习的主动性。在知识点讲授时，适当设计教学问题，启发学生如何探求知识，逐步培养学生提出问题、分析问题和解决问题的能力。授人以鱼不如授人以渔，让学生学习老师的分析推导过程，最终通过自己的分析得出结论，加深学生对相关问题的理解，并学会分析问题的方法，达到触类旁通的目的。

3　结语

为满足纺织服装行业对供应链管理学科领域人才的迫切需求，本文基于"纺织服装供应链管理"课程教学过程面临的问题与挑战，从培养复合型人才的角度出发，通过理论教学、实际案例分析以及项目设计与训练相结合等教学方式，提高学生的学习热情和积极性。结合不同教学方法的特点和优势，将多元化教学模式和 CDIO 工程教育理念应用于课程建设与改革中，有助于提升课程教学效果、提高学生学习质量、培养专业技能等，为行业输出纺织服装和供应链管理两手抓的紧缺人才。

参考文献

[1]　刘志, 郑小雪. 基于 CDIO 理念与虚拟仿真实验的供应链管理课程改革[J]. 长春工程学院学报（社会科学版）, 2022, 23(3):117-120.

[2]　陈旭, 雷东, 刘蕾. 新工科背景下运营管理研究型教学模式探索与实践[J]. 电子科技大学学报（社会科学版）, 2020, 22(6):92-98.

[3]　魏子秋. 应用型+研究型新思维研究生混合课堂教学模式改革:以供应链管理教学为例[J]. 物流工程与管理, 2018, 40(11):

127-131.

[4] 杨莉,徐珍珍,闫琳,等.案例式教学在纺织工程专业教学中的应用[J].轻工科技,2021,37(12):137-139.

[5] 王雪梅,易帆,杨亮,等.基于多元化教学模式的"纺织品整理工艺学"课程改革与探索[J].轻工科技,2021,37(7):159-160.

[6] 陈和芳.个案全过程教学法的价值逻辑与机制完善[J].黑龙江高教研究,2021,39(4):148-152.

[7] 陈莉,刘玉森.基于CDIO模式的纺纱学教学改革探索与实践[J].教育教学论坛,2012(40):33-35.

[8] 黄立新,曹斯通,王花娥.基于CDIO理念的纺织服装专业应用型人才培养模式与途径探索[J].纺织教育,2011,26(6):443-445,454.

"色、材、光、纹、形、用、述":七位一体的色彩学教研浅谈

王雪琴

浙江理工大学,纺织科学与工程学院(国际丝绸学院),杭州

摘　要:本文介绍浙江理工大学面向纺织品(丝绸)设计本科专业的基础课"色彩学"的教研尝试。强化"色、材、光、纹、形、用、述"一体化的实践练习方式,以色彩学知识为中心,将物层面的"材光纹形"四大设计要素紧密融合,并以"色以致用"及"能述会道"为两大宗旨贯穿学习过程。通过提升学生学习参与意愿和感知的设计命题;利用网络教学资源,扩充数媒化设计表现;以赛促学,以项目促学;双语教学适应国际化等手段和案例来阐述实施的方式。希望以此来提升色彩设计教学对学生的综合知识、能力及素质的培养。

关键词:色彩学;实践;数媒化;双语教学

各类产品设计的色彩学需要艺术及科技的交叉。色彩设计需要设计者本身文艺和感性的设计想法,同时要处理如何从材、光、纹、形、用等角度进行理性的表达和碰撞。在各种产业和教育所面临的数字化、应用化、国际化及网络化传播环境下,色彩教学遇到挑战[1-2]。本文主要聚焦于在教学实践层面将多重练习需求融入,提升学生的学习兴趣、能力和成效。

1　教学对象及目标

"色彩学"课程是浙江理工大学纺织科学与工程学院(国际丝绸学院)面向纺织品(丝绸)设计本科生专业的基础课,48学时,3学分。此专业方向主要面向一部分对设计及艺术有兴趣的具备理工背景的纺织工程大类学生,在他们通过大二分流后进入纺织品设计方向而开设此课。此方向希望为产业界培养既具有较强的纺织技术创新又有产品设计创新能力的"工+艺"复合型高级应用人才。学生毕业后能在服装和家纺企业、服装和家纺设计与贸易公司、大专院校、科研机构以及政府部门从事纺织品生产/检验、纺织品工程/艺术设计、纺织服装贸易/营销、纺织品科研/教学以及纺织服装企业服务/管理等工作。同时希望他们能够在纺织科学与工程或艺术设计领域选择性地进一步深造。

为使学生具备一定的艺术审美及设计基础能力,"色彩学"是纺织品设计类专业第一门重要的专业必修基础课。面向艺术基础较为薄弱的纺织工程类学生,本课程主要讲授色彩学科的发展,色彩构成的基本原理,色彩对比与调和的应用,色彩的感情及生理规律的把握以及色彩在设计专业中的应用等内容。通过教师的讲授、示范及现场辅导,结合学生大量有效的手绘训练以及计算机辅助设计的双重教学形式,重点练习色彩的分析、调配与综合设计应用搭配。同时,本课程以中英文结合的授课形式,让学生学习色彩设计的英文表达及专业词汇。总之,综合知识、能力及素质的培养是本课程的目标。

(1)知识目标

通过"色彩学"课程的学习,使学生了解科学的色彩基础理论和实践方法,掌握色彩的基本原理、色彩的空间维度、色彩科学和实践中的模型、数码化色彩的原理、色彩的感知和文化符号化、色彩综合设计中的对比与协调。重点是色彩的基本原理,色彩的美学搭配及应用及现代色彩管理技术。

（2）能力目标

通过"色彩学"课程的教学，提高和加强学生对自然及文化色彩的观察分析能力；通过色彩练习及相应的工具技法训练，提高学生的艺术鉴赏能力和色彩的应用能力。同时加强色彩的软件管理和理性分析能力、与应用前沿直接对接的实践应用能力、双语学习环境下的中英文国际化专业沟通能力、网络教学环境下的自学及主动学习能力。

（3）素质目标

通过"色彩学"课程的教学，培养学生以下素质：中华色彩文化及精神自豪感，审美追求及创造精神，自学意愿及信心，国际化及数码信息化背景下的"与时俱进"意识及行动主动性。

2 学习构架及要求

2.1 内容概述

课程按照5大知识范畴展开，即色彩学科发展及色彩属性的基本原理；色彩知觉及其生理效应；色彩的感情及心理效应；色彩对比与色彩调和；色彩构成与综合设计。课程采用理论与实践并重的模式，在每个知识范畴中具体展开的理论及实践安排见表1。

表1 课程理论内容及实践安排

知识范畴		实践/训练计划
色彩学科发展及色彩属性的基本原理	①色彩的基本概念及发展史 ②色彩的三属性及其关系 ③色立体及色彩管理工具类型 ④古代中国色彩科学技术、思想理论、文化艺术、世俗生活中色彩简述	作业1:用三原色调配出手工色相环,软件练习二十四色色相环 作业2:色彩明度和纯度推移及构成练习(手工调色及软件操作) 作业3:电子色立体的制作(软件) 作业4:色彩的空间混合及调配(手工及计算机辅助)
色彩知觉及其生理效应	①了解色彩的特点 ②视觉适应对色彩产生的影响,色错视,色彩同时对比 ③空间混合原理	作业5:主题化Logo设计(两组手工绘制,两组计算机辅助绘制) 作业6:色彩与肌理的情绪分析、语义解析、肌理表现(手工绘制及设计制作) 作业7:色彩的文化符号意义解析(文献阅读及图片分析)
色彩的感情、心理效应及符号性	①色彩的感性思维与想象 ②色彩嗜好、感觉、经验 ③色彩潮流 ④色彩的符号性	
色彩对比与色彩调和	①色彩对比与调和 ②色彩构成的形式美规则 ③色彩构成的常见方式	作业8:色彩的面积对色与画面重构启示练习 作业9:作品欣赏及评述:海报等设计作品中应用设计原理 作业10:色彩调和练习
色彩构成与综合设计及表述总结	①赏析融入中国历史、中国智慧、中国贡献色彩设计应用案例 ②了解纺织、服装、环境软装设计中的色彩设计案例	作业11:主题化设计大作业:命题式综合设计(以纺织服装、时尚家、文创居等主题要求进行安排,每年根据一些项目或比赛的要求进行变化,包含灵感主题版分析、规划、设计效果图) 作业12:课程总结 作业13:课程专业词汇表整理 作业14:微信公众号推文,参加比赛(加分项)

课程练习分为三大阶段。第一阶段为色彩基本认知阶段,主要练习色彩三属性、色立体及基本识色调色能力,包含表1中的作业1~作业4。第二阶段侧重基本的色彩设计的练习,包含表1中的作业5~作业10,主要练习色彩和其他设计元素如图纹、形态、质地、光感、面积、空间等关联练习。第三阶段侧重面向主题化的系列设计练习及色彩学专业表述的总结,包含表1中的作业11~作业14。十余项练习及考核会根据学生的基础将进度和安排做一定的调整。尤

其是在利用设计工具层面,因在色彩学之前,部分同学未曾接触绘画等基础教学,且多数没有计算机设计基础,故而会根据每届学生的特点做有效调整。

2.2 “色、材、光、纹、形、用、述”的七位一体化

围绕色彩学的知识为中心,将物层面的“材、光、纹、形”四大设计要素紧密融合,并以“色以致用”及“能述会道”为两大宗旨贯穿学习过程(图1)。

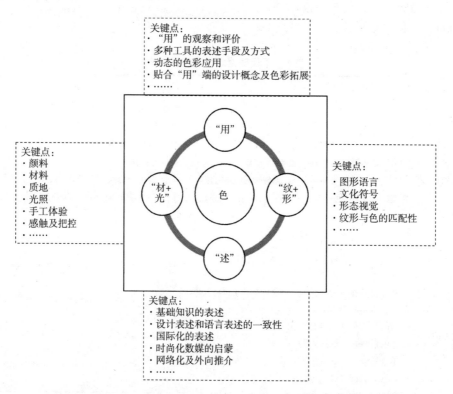

图1 “色”与“材、光、纹、形、用、述”的七位一体化教学之间的关系

其中,作业的命题设置尽量从不同的设计需求和表现出发,要求学生从颜色表现的颜料材料、质地、光照等结合图形语言、文化符号、形态视觉等。通过先手绘后计算机辅助设计的方式,体现用于不同设计主题和方案上的表述和不同表现模式,强调与时俱进的一些手段及工具的拓展。

练习过程中,也不断强调基础知识的个人再消化,强化设计表述和语言表述的一致

性,国际化的表述,时尚化数媒的启蒙、网络化,外向推介[3]。

3　实践教学的特点及范例

在近年的色彩教学中,实践教学主要强化了以上所述设计练习中的一些执行角度和方式。主要特色和感悟有如下四个方面。

3.1 提升参与意愿和感知的设计命题

新生代的学生对于一些自我体验比较强的命题相对有感触,如对一些自我个性的分析、喜欢的音乐艺术、喜欢的品牌等个性化较强的选题比较有探求的意向。故而,课程中多次尝试此类选题,如给自己设计一套情绪Logo来表达不同状态的自己,给自己喜欢的音乐设计封面等。在选题设定后,要求他们从"材、光、纹、形、用、述"的角度不断向自己提问,写下设计的关键点,向同组伙伴用语言表述设计要点,接受大家的提问和反馈。

图2所示"我的回忆心情"与肌理小夜灯设计项目中,要求同学选取日常生活中的废弃材料,经过巧妙构思将创意、构图设计、色彩搭配一步步融合,来感受光色及光位等对不同材料和质感的表现和影响等。同学们自选主题,用不同色彩的搭配和不同材质、肌理的融合来表现不同的情感主题,制作出具有鲜明个人风格的创意小壁灯和吊灯等。

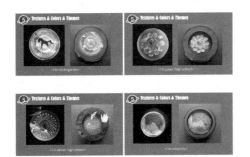

图2 "我的回忆心情"与肌理小夜灯设计项目

3.2 利用网络教学资源,扩充数媒化设计表现

由于课程的学时短,学生前期设计课程及工具掌握的匮乏,我们积极拓展站网络教学资源,自制网络计算机绘图等教学资源,同时也接入大众网站和专业网站的链接并将其融入"色彩学网络教学"中。通过这些网络课堂、课堂外主题论坛教学、网络理论讲授与网络实战设计示例相结合教学以及网络考核,让学生有更多的时间去上网进行学习,在网上留下自己的学习记录和练习,有助于增强学生的自学探究精神。现在在线英文电子资源越来越丰富,引导学生使用国际先进的英文在线电子资源如 SAGE、Springer、Scopus、ITC、Style-sight 、WGSN、WTA 等,了解国际当前纺织品色彩的流行趋势、色彩技术及手段,进行互动教学科研以及学生自学。

色彩学数媒化知识范畴的扩充主要体现在两方面。其一,系统地介绍当前色彩应用模型、科学数字化管理方法,以及数码化纺织对色彩的要求。例如,RGB、CMYK、HSB（HLC）、Lab、XYZ、Yxy 等,以及它们在软件（如 Adobe Photoshop 及 Adobe Illustrator 或 CorelDraw）中的体现和关系。面向纺织品设计加工的理论和实践,介绍 Pantone Fashion + Home 数字色卡在软件中的应用方法。学生通过这类知识的学习,激发对色彩科技发展的兴趣,且能通过软件的练习加强对色彩混合系统的理解和识别,了解色域在不同领域的差异及科学化管理的必要性。其二,将动画、视频及色彩的动态设计融于教学。面对当下产品设计传播的特点,要求学生用 PS/AI/PR 等,既要考虑平面的设计又要将动态的设计概念及工具方法融入。如图3所示,要求学生利用废料做"拯救动物"主题练习及动图视频设计,将动作、图形、色彩,动作及音乐选择等融入一体化的练习中。

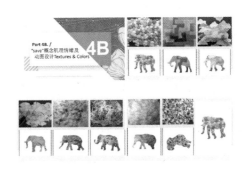

图3 "拯救动物"主题肌理练习及动图视频设计项目

3.3 以赛促学,以项目促学

面向纺织设计类专业的"色彩学"教学,以掌握色彩理论为根本,以色彩搭配及设计

技巧为教学最终目的,故而应在教学中重视与应用前沿直接对接的实践应用能力培养。将产业需要的设计开发项目和比赛结合到学生的练习和作品制作中,能有效地提高学生的学习有效性,同时增强教学效果的实战性。如近两年"色彩学"课程教学的"综合设计练习"中作品均是与各类设计比赛要求相链接,或与企业委托设计项目相结合。与设计实践相联系,充分激发了学生学习的积极性,也深化了对色彩学基本知识及技能的认识和掌握。将近年各美院都在关注的"国际数字艺术潮流设计大赛"引入课堂,学生获奖让零基础的理工同学有和纯艺专业同学竞赛的经历及信心,激励学习氛围(图4)。

纯棉材料,针织工艺,数码印花,印花重复排列

纯棉材料,针织工艺,数码印花,主片大印花

涤棉混纺材料,机织斜纹,数码印花,印花分布左右两侧

纯棉材料,针织工艺和机织斜纹牛仔布,数码印花,小图形紧密重复

纯棉材料和丝绸纱质,针织工艺,数码印花,主片大印花铺满

图4　时尚服饰设计与国际数字艺术潮流设计大赛获奖案例

3.4　双语教学,适应国际化

收集英语系国家相关课程的教学材料,并对"色彩学"课程英文教学的比例和内容进行商讨,确定了教学大纲、教学参考资料和自编讲义。在特色专业建设项目的资助下确定了专用双语课参考书,如 *Digital Textile Design*, *Color Workbook*, *Color Management*, 一些前沿的外文论文和网站也被引入教学环节。用英文教学的讲义/作业库/教学文件的制订与完善是课程建设的重要内容,包括中英文结合或全英文教学课件、大纲、习题库、试题库和实践讲义等。利用英文习题库,在每一章结束后安排一节课进行学生课堂讨论和教师讲授相结合的授课方式,使学生更好地理解并掌握教学内容,布置作品欣赏、评价等综合性表述性作业及综述性论文作业,锻炼学生综合分析问题和综述研究及提炼自己观点的能力。学习过程中不过分强调外语语言的掌握,重要的是对专业双语能力的理解和认知,从而使学生掌握这一交流工具。要求同学最终作业的呈现为中英文对照或英文总结及汇报,有效地检验教学效果。

4　结语

　　为使基于纺织工程类的艺术基础较为薄弱的学生具备一定的艺术审美感悟,强化手绘及计算机融合的基础设计能力,"色彩学"课程聚焦于将与"色"有关的"材、光、纹、形、用、述"融于课程的学习要求及实践环节中。围绕色彩学的知识,将物层面的"材、光、纹、形"四大设计要素紧密融合,并以"色以致用"及"能述会道"为两大宗旨贯穿学习过程。对色彩设计及应用的综合知识、能力及素质的培养是本课程的目标。

参考文献

[1]　何小勋.色彩学双语教学课程目标及绩效检测研究[J].院校在线,2007, 25 (5) :150 -151.

[2]　何娟.色彩设计教学理念的重构与创新[J].大众文艺,2015(12) :235-236.

[3]　王雪琴,张爱丹,王小丁.纺织服装设计类专业"色彩学"课程教学的探讨[J].纺织服装教育,2014,29(5):438-440.

"工—艺"复合型"丝绸家纺制作工艺"课堂创新模式建设

范硕,张红霞

浙江理工大学,纺织科学与工程学院(国际丝绸学院),杭州

摘　要："丝绸家纺制作工艺"是丝绸设计与工程专业的专业实践性课程,为适应新一轮科技产业变革,培养多样化、创新型丝绸专业型创新科技人才,本课程将以培养学生兼具艺术美感及功能性丝绸家用纺织产品的设计能力为教学目标,基于理论—实践相结合的课堂形式,将传统文化与现代科技相融合,探索"工—艺"复合型"丝绸家纺制作工艺"课堂创新模式的构建。

关键词：丝绸设计与工程;丝绸家纺制作工艺;"工—艺"复合型;课堂创新模式

丝绸学科,历史悠久,底蕴深厚,是我校近年重新开设且国内唯一的独具特色优势学科[1]。丝绸设计与工程专业秉承"工程"与"艺术"结合的人才培养模式,旨在培养兼具艺术美感及纺织丝绸专业知识的复合型人才。然而,如何在新工科背景下,既保有学科专业教育特色和优势,又可在现代多学科激烈竞争的环境下,创新传统学科,进行多学科交叉的专业精品课程改革,则是培育高质量科系专业人才,保证学校及专业稳健发展,增强学生核心竞争力的关键。因此,对以传承弘扬国家非物质文化遗产,培育新时代"丝绸"新人为目标,提升民族自信、专业自信为己任的"丝绸家纺制作工艺"课堂进行改革创新是意义重大的。

"丝绸家纺制作工艺"是丝绸设计与工程专业的实践性教学课程。本课程要求学生在学习丝绸专业导论及家用纺织品设计学的基础上,以各民族人民世代相承的传统文化为主要灵感来源,基于传统技能的传承与改革,结合现代科技,着重于兼具艺术美感功能性丝绸产品的设计及应用。因此,本课程拟通过课堂创新,以丝绸为主要基点,引申多学科交叉知识,积极培养学生的多项专长,并在课程建设中引入思政元素,潜移默化地引导学生树立正确价值观,树立中国特色社会主义文化自信,坚定中国文化艺术对于中国及世界的重大意义。

1　课堂改革目标

本课程以"工—艺"结合的特色教学理念,面向丝绸设计与工程专业学生构建新颖的课堂创新模式。通过本课程设置的理论及实践学习环节,培养学生对丝绸家纺产品设计及制作的好奇心,传承中国非物质文化遗产,树立正确的民族价值观及强烈的文化自信心,引领"国潮"时尚新风向。在新工科背景下,结合新时代科学技术手段,培养学生灵活运用多学科(材料、纺织、设计)知识,创作出兼具艺术美感的功能性丝绸产品,激发其作为未来设计师的创作激情及欲望。此外,通过学习,使学生完全掌握丝绸家用纺织品制备工艺流程,熟识丝绸家纺制作的设计原理及各类工艺技法,提升学生的实际动手操作能力。同时,培养学生的创造性设计思维,培养良好的设计美感,全面培养提升学生的专业敏感度及专业能力。

2　课堂改革实践

2.1　课堂教学方式改革

革新课程授课模式,打造有趣的思政示

范课堂。以理论—实践相结合的课堂形式。首先，采用翻转课堂模式，在课堂中增设大量的互动环节，让同学实现主动学习、主导学习，积极引导学生在现代科技与传统文化中寻求属于自己的碰撞点，引导学生主动思考，将碰撞点深化为深层次的设计灵感。随后，采用小组和个人相结合方式，合作分工，进行丝绸产品的设计与制作，在此过程中进一步培养学生的团队协作能力，带领同学体会多种丝绸产品的工艺、艺术及时代价值；同时，鼓励学生进行自主学习，借阅图书资料，深入丝绸面料市场及丝绸产品市场进行实地调研，积极搜集相关资料，考察新时代背景下丝绸产品的发展走向，并在课后自主学习阶段，要求学生互相交流相关专业知识，促进学生进行个性发展及思维开拓。最终，再次回归课堂，积极引导学生将所见所闻转化为本节课所需的创作灵感，并对学生进行设计创作、工艺及后期整理指导，培养学生的设计能力、创新精神以及研究能力，并让学生进行作品互评、自由讨论、互相学习，真正做到公平、公正、公开，同时让同学在学习中成长。

2.2 课堂教学内容改革

完善课程内容建设，提升课程品质。为适应现代化建设进程及课程建设改革，不断革新课程理论与实践教学课程内容体系，紧跟新工科发展新形势，引入多学科交叉知识，将传统工艺与科技创新相结合，培养学生独立思考及创新能力，培育学生树立强烈的大国工匠精神，全面服务于复合型纺织新人的培育。在理论教学环节，深化新时代丝绸课堂文化内涵。首先导入丝绸之路宣传片，让同学体验丝绸本身承载的历史积淀及艺术美感，同时引用大量的丝绸"国礼"实例，活跃学生思维及课堂气氛，沉浸式体验"丝绸文化"之美；随后，介绍新时代丝绸科技发展现状，以及丝绸家用纺织品的制备方法及工艺，帮助学生掌握丝绸家纺工艺制作的原理及基本

技能，并结合大量的丝绸科技产品实例，带领大家领略现代科技与传统文化进行激烈碰撞后的创新产物，让大家跳出传统丝绸的范畴，归本溯源，重新定义新时代丝绸产品。在实践教学环节，突出"工—艺"结合的丝绸设计与工程专业特色，充分利用智慧教室及产品织造实验室等平台，让同学基于前沿的艺术时尚信息，结合理工科的创新思维逻辑，沉浸式地进行功能材料开发技术、丝绸产品制作工艺及丝绸艺术设计创作。通过鼓励学生对艺术与科技进行大胆碰撞的方式，让学生切身体验作为大国工匠本身承载的历史使命，树立坚定的专业自信心。最后，给予学生充足的课后自主学习空间，借助图书馆、市场等多维度平台，促进学生根据丝绸产品的发展和流行趋势，从市场、贸易公司、网络中提取收集流行信息，并对其进行整理创作，设计出独具个人特色的丝绸产品，进而培养多样化的丝绸专业型创新科技人才。

3 结语

"工—艺"复合型"丝绸家纺制作工艺"课堂创新模式建设，是以丝绸设计与工程专业学生为主要教学对象，基于理论—实践相结合的课堂形式，以传承发扬丝绸文化为主要基点，引申多学科交叉知识，将传统技能与现代科技相结合，着重于兼具艺术美感功能性丝绸产品的设计及应用，让学生沉浸式体验丝绸文化之美，积极引导学生树立民族文化自信及职业自信，进而培养出兼具艺术美感及纺织丝绸专业知识的复合型人才。

参考文献

[1] 周越,肖元元,陈东芝.浙江丝绸专业人才培养的历史沿革与当代创新[J].浙江理工大学学报(社会科学版),2020,44(3):259-271.

"双万计划"背景下非织造材料与工程专业"纺织复合材料"全英文课程建设探索

孙菲,杨淑娟,陈天影,王彩华,刘国金

浙江理工大学,纺织科学与工程学院(国际丝绸学院),杭州

摘　要:"双万计划"背景下,非织造材料与工程专业培养面向未来、适应需求、引领发展、理念先进的非织造专业的国际化人才。"纺织复合材料"的全英文课程建设可以提高学生的英文交流水平和文献阅读能力,同时可增强学生对国际前沿技术动态的掌握能力。结合非织造材料与工程专业特点,本文主要针对专业选修课程"纺织复合材料"全英文课程建设过程中存在的学生对课程认知和重视程度不够、学生相关专业英文基础差、相关全英文教材缺乏等问题,在分析学科培养目标和学生情况的基础上,采用阶梯式培养模式,提出了"以学术促学习"的教学改革新思路。从教学模式、课堂内容、授课方式等方面,对该全英文课程建设进行初步探索,旨在有效地提升该类课程的教学质量和教学效果,提高学生的学习兴趣和关注度。

关键词:纺织复合材料;全英文课程,课程建设,教学质量

随着信息化、网络化和数字化的日益盛行和我国经济的高速发展,国际化教学已成为提高高校国际影响力,提升国际化教学水平和人才培养质量的有效途径[1-3]。在英语已经成为世界语言的背景下,获取信息、了解世界的途径变得越来越多样化和广泛化。开设全英文课程的在一定程度上可以提高学校及学科的国际知名度、竞争力,有助于建设高水平师资队伍,推动世界一流大学的建设[4]。我国各高校和教师都在不断努力,全英文授课的教师和课程比例都在逐年增加[5]。在当前"双万计划"的背景下,高校一流本科专业创新型人才的培养探索显得尤为重要[6]。2005年教育部设立了非织造材料与工程本科专业,目前在国内高校中,东华大学、天津工业大学、浙江理工大学、武汉纺织大学[7]等高校均设有非织造材料与工程专业[8-9]。我校(浙江理工大学)纺织科学与工程学院(国际丝绸学院)非织造材料与工程专业立足本土、接轨高端,围绕产业发展需求,培养学术应用复合型非织造高级工程技术人才,并入选国家"双万计划"一流本科专业[10]。结合非织造材料与工程专业特点,本文主要针对本科生专业选修课程"纺织复合材料"全英文课程建设过程中存在的学生对课程认知和重视程度不够、学生相关专业英文基础差、相关全英文教材缺乏等问题,在分析学科培养目标和学生情况的基础上,采用"阶梯式培养"模式,提出了以"以学术促学习"的全英文课程建设新思路。从教学模式、课堂内容、授课方式等方面,对该全英文课程建设进行初步探索。

1　"纺织复合材料"全英文课程教学的必要性和可行性分析

英语是国际化的语言,其不再局限于英美等英语作为母语的国家,在如今全球一体化大背景的带动下,英语已经成为世界语言,从学科发展和未来规划上实现全英文教程授

课是十分必要的。此外，英语是必不可少的基本技能，是获取知识常用工具，英语学习的最终目的是应用，并且服务于我们的工作和科研需求。为了进一步提高学生熟练使用英文进行专业知识的交流与学习，专业知识的全英文教程建设也是十分必要的。学习专业英语使学生能够查阅相关专业的外文文献、最新研究成果等[11]。工科类专业对专业英语的需求更加明显，在学习先进技术过程中，全英文专业课的作用越发凸显，只有学好本专业英语才能够最有效地检索并找到关键技术细节，同时在一定层面上可与外国专家、学者的顺畅交流。其次，现阶段学生考研升学和出国深造的比例也在逐渐增大，结合非织造材料与工程专业 2022 届本科生考研实际情况（2022 届非织造材料与工程专业本科生 17 人，读研及出国深造人数达 13 人，占专业人数的 77%）专业课采用全英文的授课方式对学生后续深造也起到至关重要的作用。

国家发展也需要本科生培养过程中重视英文专业课的培养，可为国家输出和引进人才提供基础，为我国的科技进步做出贡献。作为工科专业学生，毕业后所从事的工作岗位所属技术研究类，因此在本科阶段要开设全英文课程，加强对学生的语言训练，培养新时代复合型人才，为国家发展做出贡献。非织造材料与工程专业全英文教学课程建设也是"双万计划"建设的举措之一，其通过推进本科教育的国际化进程、实现高校国际化人才培养的战略目标，奠定培养具有国际视野的一流人才基础，助力非织造材料与工程专业完成"双万计划"验收工作。

2 全英文课程建设过程面临的主要问题

全英文课程的建设有利于推进本科教育的国际化进程，通过对课程建设的可行性和必要性进行了全面深入分析发现在具体实施的过程中仍然会面临很多的问题。全英文课程建设过程中除面临其他专业课

普遍存在的问题外，根据全英文课程的特点，在建设过程中还面临其他的问题，主要可以分为课程组织管理优化、学生基础素养、教师师资建设、教材及课程资源匮乏等几个方面。

"纺织复合材料"全英文课程建设面向非织造材料与工程专业本科三年级学生，该部分学生具有一定的英文基础，且大部分通过大学生英语四、六级考试，为全英文专业课的学习提供基础。但是由于学生整体英文水平不足以给他们学习全英文专业课程提供有效的支撑，且不同学生英语水平的差异性，全英文教学过程面临的问题更为复杂。一方面学生有基础，但是听说读写能力相对较弱，在授课过程中学生的参与程度会降低，不利于调动学生在学习过程中的主观能动性。在知识结构上，学生具有一定的专业相关基础知识，已选修部分专业基础课，如"纺织材料学""非织造加工技术与原理""非织造加工技术与原理""后整理加工技术"等，但对纺织复合材料等的了解相对模糊。在授课群体上，学生属于"00 后"新青年群体，对新鲜事物、新媒体和新科技等更感兴趣，相对而言不喜欢传统的填鸭式和知识灌输式的授课方式。很多课程都存在教学方式死板、课堂互动差等问题，太多的理论教学而脱离了实际生产生活，导致学生感受不到理论知识的价值，其学习目标很容易局限在为了通过课程考核。此外，还存在一种与之相反的现象，即存在课堂娱乐化的倾向，虽然师生课堂互动多、课堂气氛活跃，但这种互动可能是通过课堂游戏取代了本该严肃的知识探讨过程。另一方面，全英文课程不仅要求授课教师具备全面的专业基础知识，还要能用英文进行专业知识的讲授，这一过程并不是通过中文教材知识翻译为英文可以实现的，其中还涉及教学方法的合理选择及知识点高效详尽阐述，做到张弛有度，促进学生的吸收理解[12]。在授课过程中还要和学生之间开展有效的互动，提高教学效率。因此，教师的知识储备、英文基础、专业素养等因素，也会是全英文课程建设所面

临的问题。"纺织复合材料"全英文课程缺乏核心参考教材和课程教学资源,在课堂授课过程中,没有核心教材的使用,会使授课过程大打折扣,使学生难以充分、有效地把握教学内容,相比于碎片化的窄而深的学问,本科生对知识点完整性和系统性有更高的要求[13]。英文原版教材可以体现西方科学中所注重的学术思想、学习方法、思想精神等,也可以保证知识的系统性和语言的准确性[14]。但是,使用英文原版教材在针对母语非英语的学生全英文教学过程中效果欠佳。

3　"纺织复合材料"全英文课程教学改革措施

3.1　提升大学生对课程的重视程度和学习兴趣

　　全英文课程并不是简单的英语语言课,而是以英语为媒介学习专业知识,其中专业课程内容才是教学的关键[12],全英文课程建设要以专业知识的传授作为最主要的课程目标。为了提升大学生对课程的重视程度和学习兴趣,"纺织结构复合材料"全英文授课前可进行前期选修课程安排、选择外语基础好的学生分班教学,结合学生整体的特点,因材施教。在课程建设初期,了解整体学生水平和特点,充分估计课程实施过程中可能遇到的困难与问题,防止学生"吃不饱""消化不良"现象的发生,逐步形成并完善"阶梯式培养模式"。其次针对学生现有知识,查找适宜该课程的教学方式,在课程讲授过程中,针对课程中的重难点内容,对相关教材内容进一步地细化,促进学生的吸收和理解,注重学生的英文表达及书写能力。可根据学生的知识结构及学习特点,设计新颖活泼的课堂导入环节;在讲授新课过程中,针对不同的教学内容选择不同的教学方法,以提升教学质量;可在沉浸式英语教学的基础上,调动学生的主观能动性,让学生大胆讲,主动讲[15];巩固新学习的内容过程中,练习环节应该设计精巧,

有层次,有坡度,要注意课堂互动,活跃课堂氛围,提升学生的课堂参与度;课后布置作业,应综合考虑可行性、拓展性和学生个人能力等多方面。学校层面也需要积极为全英文教学活动中的教育内容开展营造良好的学习环境,让大学生认识全英文课程的学习对个人发展带来的诸多影响。

3.2　结合非织造专业优化教学内容,以学术促学习

　　该专业学生绝大部分会选择继续科研深造或从事相关工程制造类工作。作为未来创新的主体,大学更应具备查找、选择和阅读英文文献的能力,专业课程的全英文授课,为学生提供相关基础及能力。此外全英文课程建设我校培养高层次创新性人才的战略,可促进本科生从事高水平的科研创新工作。通过英文学术期刊的查阅,提高学生的专业英文水平,引起学生的科研兴趣,奠定深造及后续工作基础。

　　在整个过程中应该注重教师的"教"与学生的"学"协同共进,针对特定知识点结合学术科研最新动态提出相关问题,引发学生的思考和讨论,达到"以学术促学习"这一过程的教学内容优化,并合理设计教学方法与教学手段引导学生学习解决该工程问题的技术设计思想与实现方案。通过师生讨论的方式对设计方案的优缺点进行分析,强化学生对相应内容的分析和理解,与此同时引导学生认识可能的工程实施效果,做到过程和结果的高度统一,将理论和实践相结合,最终通过学生自主学习与反馈的形式进行评价。最后,根据学生已有的知识结构和理解能力,进行教学方案的设计及优化,要注重广泛阅读本专业相关的专著、学术期刊、学术网站等资料,了解本专业发展的最新动向和科研研究方向,实现"以学术促学习"这一教学内容优化。通过教学内容的设计,教学媒体,教学网站资源等信息的使用,使学生在学习过程中获得主动权,有利于创新精神和实践能力的培养,培养学生的创新思维并运用学科知识解决实际工程问题。

3.3 加大对全英文授课教师的培养

在教学过程中,学生是最核心的因素,教师是仅次于学生的最重要因素。教师是教学活动的关键角色,作为与大学生接触的直接对话者,教师自身需要具备过硬的素质[16]。教师的教学水平,直接影响了教学的质量。在教师队伍中引进外籍教师,外籍教师可对整个授课过程进行指导,增强学生的语感体验,同时在教学团队也应安排具有丰富教学及科研经验的教师,合理优化教师团队,旨在全方位提升学生的学习水平和学习能力。全英文授课教师的培养可从三个方面入手:本土教师、外籍教师和海归教师三个层次。大部分教师都具有海外留学经历,他们不仅具有丰富的专业知识,而且英语水平很高,全英文课程建设对教师提出了更高的要求,需要授课教师团队知识体系完善,知识面广,并融合教学资源,形成协同育人的效果。学校层面可以创造条件为从事专业课全英语教学的教师组织定期或不定期的培训、辅导,增强教师之间的交流,取长补短,也可请国外的优秀教师来校进行交流。通过全英文授课课程的建设,形成一支结构合理、人员稳定、教学水平高、教学效果好的课程教学团队。

3.4 课程学习和考核从单一化拓展到全面化

2020年新冠肺炎疫情以来,学校的上课由原来的线下变为线上,线上成为老师们授课的主要方式。虽然线上教学过程缺少了教师与学生眼神互动交流,但是在具体实践过程中也发现了有益于课程学习的教学方法。在全英文课程建设过程中,注重全英文课程授课过程管理,形成完善的评价标准和评价体系。改革完善考核方式,加强课堂互动、作业、答疑等过程考核,采用多种考核方式并进,综合评价学生课堂及课后表现,可根据课程建设目标及要求,综合考核方式(图1)。通过"雨课堂"对学生课堂表现、课堂互动情况进行评价考核(占比学生总成绩的10%);通过学生课堂展示(翻转课堂)进行评价(占比学生总成绩的15%);通过课后作业对学生平时作业评价(占比学生总成绩的15%);期末考核评价(占比学生总成绩的60%),期末考试卷为全英文,以判读、选择等客观题为主,简答题(主观题)占比不超过20%,减少简答题的比例可以避免学生死记硬背,更加侧重学生对所学知识的理解。同时也可避免学生由于英文水平的差异而出现词不达意的现象,更加体现考核过程的公平性。

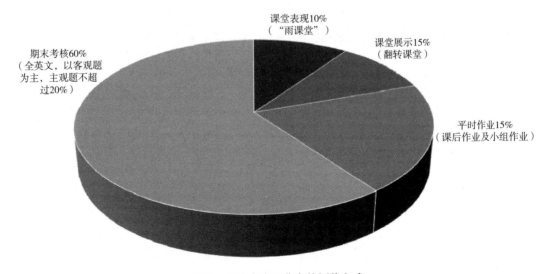

图1 多维度全面化考核评价方式

4　结语

"双万计划"背景下,非织造材料与工程专业培养面向未来、适应需求、引领发展、理念先进的非织造专业的国际化人才,"纺织复合材料"的全英文课程建设可以提高学生的英文交流水平和文献阅读的能力,同时可增强学生对国际前沿技术动态的掌握能力。结合非织造材料与工程专业特点,在分析学科培养目标和学生情况的基础上,采用阶梯式培养模式,提出了以"以学术促学习"的教学改革新思路。针对课程组织管理优化、学生基础素养、教师师资建设、教材及课程资源匮乏等方面面临的问题,从教学模式、课堂内容、授课方式等方面,对该全英文课程建设进行初步探索,旨在有效地提升该类课程的教学质量和教学效果,提高学生的学习兴趣和关注度。

致谢

本论文为浙江理工大学 2022 年校级教育教学改革研究项目课程思政项目(jgkcsz202202)和首批校级课程思政示范专业建设项目(sfzy202203)的阶段性成果。

参考文献

[1] 黄宏伟,张洁."双一流"背景下全英文课程建设案例分析及建议[J].研究生教育研究,2021(3):57-61.

[2] 莫品强,卢萌盟,徐志伟,等."一带一路"背景下土力学全英文课程建设与实践[J].高等建筑教育,2021,30(6):67-74.

[3] 徐玲琳,杨晓杰,孙振平,等.材料专业课程全英文教学效果评价[J].教育现代化,2018,5(31):215-217.

[4] 崔树银,汪昕杰.工商管理专业全英文课程教学探索与实践:以上海电力大学为例[J].中国电力教育,2021(3):44-45.

[5] 李扬.高等教育国际化背景下全英文课程建设的目标模式及路径[J].黑龙江教师发展学院学报,2020,39(5):145-147.

[6] 戴其文,蒙志明,姚莉,等."双万计划"背景下一流本科专业创新型人才培养模式研究[J].教育观察,2022,11(28):1-4.

[7] 邹汉涛,张明,张如全,等."新工科"背景下非织造产品设计课程群建设探索[J].纺织服装教育,2022,37(4):350-354.

[8] 石文英,李红宾,朱洪英,等.非织造材料与工程新专业应用型人才培养的探索:以河南工程学院为例[J].2015,30(5):362-365.

[9] 黄晨,刘嘉炜,吴海波,等.全英语"非织造学"课程的建设[J].纺织服装教育,2016,31(3):224-225.

[10] 雷彩虹,刘国金,郭玉海,等."双万计划"背景下"非织造加工与后整理"课程思政教学探索[J].纺织服装教育,2022,37(3):236-240.

[11] 谢贤安,范晓宁,陈祖静,等.林学专业大学生"文献检索与科技论文写作"的教改探索[J].教育教学论坛,2021(26):64-67.

[12] 黄玉波,刘晓宇,陆小龙.本科全英文专业课程建设的难点及挑战探讨[J].教育观察,2021,10(1):73-75.

[13] 孙珲.本科生全英文教学课程建设问题及策略探析[J].黑龙江教育(高教研究与评估),2020(6):44-45.

[14] 周克雄,史蕾,罗晨玲,等.《基础护理学》全英文教学效果评价[J].护士进修杂志,2008(21):1931-1933.

[15] 罗远婵,张晓彦,王启要,等."微生物学"全英文课程的建设改革与思考[J].生物工程学报,2022,38(8):3099-3109.

[16] 张丽娜.大学英语课程思政可行性分析及其实现路径研究:评《大学英语思政导学教程》[J].林产工业,2021,58(7):141.

基于课程思政下的"影视鉴赏"融合与创新研究

武维莉

浙江理工大学,纺织科学与工程学院(国际丝绸学院),杭州

摘 要:影视资源是一种有效的教学资源,对培养学生的核心素养、树立理想有重要的价值。将影视教学与思想政治教育相结合,可以弥补传统教学的缺点,激发学生的兴趣,提高思想政治教育质量。本文将"影视鉴赏"课程与思政元素融合,深刻挖掘影视作品的现实意义,丰富思想政治教育的内容,推崇影视教学寓教于乐,可以改变传统教学方式的弊端,充分调动学生的积极性,使思想政治教育更加生动而有信服力,促进学生健康成长。

关键词:影视鉴赏;影视资源;课程思政;教学改革

"影视鉴赏"课程旨在通过鉴赏影视作品理解影视文化,培养学生健康的审美观,审美判断力,创新精神和实践能力[1]。我国文化底蕴深厚,具有丰富的影视资源,影视文化不断进步,影视教学为高校思想政治教育提供新思路和新途径。当代大学生的普遍特点是思维活跃、兴趣广泛、好奇心强,但思想政治观念相对薄弱,易受外界影响,辨识能力较低,面对在强大的网络信息冲击下,会缺少正确的判断与选择的能力,需要教师的正确引导[2]。影视教学可以影响学生的价值观、审美情操、生活方式、言谈举止等,使思想政治教育更加生动而有信服力,激发学生参与思想政治教育的积极性,促进学生健康成长。

影视教学对思想政治教育有以下作用[3]:

(1)激发学生的学习兴趣。影视教学对激发学生的学习兴趣有积极的作用。影视教学中,常伴有色彩斑斓的画面,影视教学中的作品,有多样化的故事情节,有动听的音乐,学生在无形中接受影视作品的内容,有身临其境的感觉。

(2)活跃气氛,增加教学吸引力。影视教学与思想政治教育相结合,有利于活跃课堂气氛,增加吸引力,提高学生的学习参与性。

(3)强化人文理念。高校思想政治教育可以帮助学生形成良好的行为举止,培养学生良好的思想道德理念,提高教学的人文理念。在思想政治教育中,融入影视教学,能够有针对性地引导建立积极向上的人生目标,自觉遵守公共美德,热爱社会生活。引导学生树立爱国主义情怀。

1 课程分析

影视资源是一种有效的教学资源,对培养学生的思想、核心素养能力,树立理想有重要的价值。思想政治教育是人才培养的重要内容,虽然高校思想政治教育工作取得一定的发展,但仍存在一系列的问题,影响教育效果,如在实施过程中,教师存在更注重知识技能的传授、思想政治教育生搬硬套的现象,思想政治元素被硬性植入教学内容;脱离教学内容,教学设计不够合理,未能很好地实现教书育人的效果[4]。思想政治教育具有较强的理论性,教师在教学中大多采用传统讲授法,没有充分开发课程资源,降低教育的实效性。影视教学可以弥补传统教学的缺点,激发学生的兴趣,提升思想政治教育的吸引力,提高思想政治教育质量。在思想政治教育中融入影视教学,充分挖掘思想政治教育的显性资

源和隐性资源,可以达到促进人才培养的最终目标。

2　教学改革

为了更好地发挥育人作用,激发各专业学生影视学习的兴趣,课程组进行了教学改革方面的探索。将"价值引领、能力提升、知识传授"三位一体的教育理念贯穿教学全过程。

2.1　改革项目

2.1.1　利用影视资源,巧妙融入思政元素

影视教学与思政教育相融合,要以大学生的思想状况实际为基础,实事求是,坚持从实际出发。鼓励与学生实际生活紧密联系,实现思想政治教育的生活化和实际化,坚持基本教学理念,综合运用正面积极的素材,融入思政元素开展教学。

2.1.2　优化教学内容、大纲和教学设计

在课程思政教学改革过程中,形成了思想政治教育与"影视鉴赏"课程教学的全方位、全过程融合,不仅在教学设计中加入思想政治元素,而且在教学资源中也需要融入思想政治元素。

2.1.3　影视教学寓教于乐,提高学习效果

影视教学与思想政治教育相结合,可以强化教学效果,提升思想政治教育的趣味性。影视教学涉及艺术、人文、声、态、形、表等多方面的内容,大学生求变、求新、求知,与影视教学的团队协作性、内容趣味性、教学情景性相符合,在教学中,要采取多样性的方法和技巧。

2.2　改革措施

对"影视鉴赏"教学改革与思政元素的融合,具体采取如下三个途径:

2.2.1　深入挖掘影视内涵,丰富教育资源

影视教学进行思想政治教育的前提,是掌握大学生的客观实际状况。在影视教学中,可以引导学生举办心得交流会,写观后感,观看影片等坚持基本教学理念,综合运用正面积极的素材开展教学。思想政治内容要

与大学生的认知水平、心理特征相适应,体现时代性,贴近社会,贴近学生生活,鼓励与学生实际生活紧密联系,实现思想政治教育的生活化和实际化。

思想政治教育的影视教学内容众多,但缺乏系统性,需要教师花费较多的时间[5]。为提升教育的实效性,建立系统、完整的资源库很有必要。发挥教育技术的作用,利用资源库实现教学资源共享,有利于教学质量的提升。高校要支持数据库的建立,鼓励影视教学与思想政治教育相结合,充分利用影视资源,作为思想政治教育内容。进行校本资源建设,教师可以向数据库上传融入影视资源的思想政治教学设计,以及整理和筛选的影视资源。构建教学平台,方便教师之间分享与交流教学成果。尽量翔实完整地介绍影视作品的背景,按不同地域、不同时期、不同年龄等进行分类,建立数据库,方便教师使用。

2.2.2　思想政治教育与课程教学的全方位、全过程融合

在课程思政教学改革过程中,不仅在教学设计中加入思想政治元素,而且在教学资源中也融入了思政元素。

(1)课程思政融入课程标准和教学过程

切实把思想政治教育工作贯穿于"影视鉴赏"课程教学全过程。

(2)课程思政融入教学内容

"影视鉴赏"课程的教学内容主要讲解影视艺术、分类、画面、声音和摄像等,因此,把"视频素材"作为挖掘思想政治元素的切入点,从而潜移默化地对学生进行思想教育。在课堂教学中,选取体现中国精神、中国智慧和优秀传统文化的影视作品作为视频素材案例进行技术分析和讲解,引导学生学习欣赏艺术作品,感悟艺术价值和民族特色,又能从中汲取中国力量,坚定理想信念,提升文化自信,增强弘扬和传承中华优秀传统文化的责任感和使命感。

针对课程教学内容的知识点、技能点进行深度剖析,挖掘出其隐藏的思想政治元素,并设计合适的思想政治案例,融入课程教学

和实践中。

(3)课程思政的教学方法和教学评价

充分利用网络教学平台和一体化教室，采用"案例教学法、讨论教学法、情景模拟与角色体验"等多种教学方法，通过以学生为主体的学习，辅以教师的引导，将思想政治元素润物细无声地融入教学当中。

课程考核由两部分组成，一是过程考评，即平时成绩占课程考核的40%，将发掘的思想政治元素融入课程考核过程，学生分小组，团队制作"传承红色精神""中国传统文化"等为主题的视频剪辑；二是期末考评，即项目制作成绩占60%，制作以社会主义核心价值观为主题相关的微电影作品或者撰写论文，侧重锻炼学生的独立思考能力和实践能力，通过"显性"和"隐性"双重推进思想政治育人。

2.2.3 丰富教学方法和技巧

思想政治教育应该贯穿高校教育教学的始终，在不同的专业进行具体实践，根据不同的形式和内容，采取不同的方式方法。影视教学涉及艺术、人文、声、态、形、表等多方面的内容。大学生求变、求新、求知，与影视教学的团队协作性、内容趣味性、教学情景性相符合，在教学中，要采取多样性的方法和技巧。

(1)情景教学法

影视教学的特点有具体的人物特性、情节环境、课程背景等，整体贯穿于情景中，有利于渗透思想政治教育的内容，也方便学生的理解[6]。在教学过程中，可以从思政教育方向、专业角度启发学生的思维，鼓励学生释放天性，调动主观能动性，进行深度理解和思考。

(2)纵横联系法

明确思想政治教育与影视教学内容的纵向、横向联系，形成聚合体。

(3)迂回施教、潜隐主题法

在影视教学的实践中，培养学生的专业素质，同时开展思想政治教育。比如学习表演技术技巧，在实践环节，学生理解人物的情感体验，进行"换位思考"，在表演中融合社会主义核心价值观。

3 改革成效

首先对授课的"影视鉴赏"课程的教学内容、教学大纲、课程设计及教学方法等进行调研，了解学生在学习期间应该掌握哪些知识，基于国家颁布的课程思政政策调整或优化教学内容和教学方法，最终实现"影视鉴赏"课程的教学内容整体优化。

对2021~2022学年学习该门课程的学生（110人）采取调查问卷的方式，从教学态度、教学内容、教学方法及教学效果四个方面进行评价，主要调查调整后的内容和教学方法是否能达到思政教育的效果。82%的学生认为这样的教学模式新颖，对影视分析与思政结合后有了更高的学习兴趣和更深刻的领悟。多数学生认为，通过学习本课程，更好地掌握了影视理念、影视技巧、影视鉴赏的方法，提高了对影视作品的审美判断力和思想政治觉悟。

4 结语

思想政治教育的传统教学模式，对学生的学习方式不重视，只注重教师的传授方式，思想政治教育不能达到理想的效果。影视资源是一种有效的教学资源，将影视教学与思想政治教育相结合，可以强化教学效果。

为了避免生搬硬套，此次改革将影视知识与思政元素巧妙结合，采用了不同的授课方式，包括情景教学法、纵横联系法、迂回施教法，结合富有感染力的教学方法和教学资源，有利于引起学生的共鸣，提高思想政治教育效果。在课程思政教学改革过程中，对参加授课的学生采取教师教学状况的问卷调查，主要调查调整后的内容和教学方法是否能达到思政教育的效果。82%的学生认可了新的教学模式，加深了学生对影视赏析知识的理解和思想政治的觉悟，取得了良好的效果。

参考文献

[1] 曹陆军. 浅析影视艺术鉴赏与大学生审美能

力的培养[J]. 文教资料,2009(6):226-228.

[2] 吴葳葳.《影视后期制作》课程思政教学改革与实践[J]. 产业与科技论坛,2022,21(6):183-184.

[3] 陈晨."双一流"背景下高校影视教学融入思政教育机制探讨[J]. 中国多媒体与网络教学学报(上旬刊),2021(8):197-199.

[4] 马腾飞. 高校《影视鉴赏》课程与思政教育融合研究[J]. 戏剧之家,2019(17):163,181.

[5] 丁卓,孙瑜. 高校"影视鉴赏"课程教学改革研究:以西北工业大学"影视鉴赏"课程为例[J]. 戏剧之家,2022(6):141-142.

[6] 姚韫. 高校影视鉴赏课的定位及教改思路[J]. 沈阳教育学院学报,2009,11(3):56-58.

"五融合"创新教学体系构建及"现代纺织品鉴赏"课程改革实践

冯建永

浙江理工大学,纺织科学与工程学院(国际丝绸学院),杭州

摘　要: 本文针对课程教学信息化程度低、工程实践内容不足;知识传授以学生被动学习为主,缺乏主动探索求知精神;思政融入纺织类课程内容不深入等问题,提出混合式、多维度、多元化、校企协同多学科交叉、注重过程性评价的"五融合"创新教学体系。通过"五融合"创新教学体系,结合信息技术,创新教学方法,打造了"现代纺织品鉴赏"高效课堂,实现知识传授、能力培养及价值塑造的立德树人培养目标,选课学生大幅度增加,取得了较好的教学效果,深受学生喜欢,促进了学生综合素质培养。

关键词: 混合式教学;多维度;多元化;校企协同;过程性评价

"现代纺织品鉴赏"是我校面向全校学生的一门通识选修课,32学时,2学分,课程容量约为150人,选课学生来自全校不同专业,其中非纺织工程专业学生占绝大多数。课程内容主要是鉴赏纤维、鉴赏纱线、鉴赏服用织物、鉴赏装饰织物、鉴赏功能纺织品、鉴赏产业用纺织品六大板块。主要聚焦于纺织品的多种形式及应用领域。选课学生来自不同年级、不同专业、不同班级,并且很多是低年级学生。采用传统灌输式教学方式,难以取得良好的教学效果。针对课程教学信息化程度低、工程实践内容不足;知识传授以学生被动学习为主,缺乏主动探索求知精神;思政融入纺织类课程内容不深入等问题,重新撰写了工程认证理念及课程思政有机嵌入的新课程大纲,形成了"五融合"创新教学体系,实现知识传授、能力培养及价值塑造的立德树人目标。

1　混合式教学实践,促进知识传授及能力培养

(1)线下教学及课程资源建设

根据选修课的课程内容及大班教学授课经验,重新撰写了结合工程认证理念、课程思政有机嵌入、通俗易懂、适合全校学生选修学习的"现代纺织品鉴赏"课程新大纲,于2019年秋季学期首次开课。线下课程内容主要鉴赏纤维、纱线、织物、功能纺织品、服装用及装饰用纺织品,总共16学时。线下教学主要结合案例教学、研讨式教学、企业实践内容及产品展示、实物接触、互动交流等教学方式,提升教学效果。

(2)线上教学及课程资源建设

录制了约500min视频资源《高端纺织品及应用》,于2020年春季学期在浙江省高等学校在线开放课程共享平台以SPOC方式运行,并且在超星平台运行过一学期。目前主要借助浙江省高等学校在线开放课程共享平台进行线上教学,总共16学时,鉴赏纺织品的高端应用情况,如在过滤分离、土工建筑、生物医用、安全防护、交通运输、军事国防、航空航天等领域的应用[1]。

(3)课程考核成绩

采用线上与线下相结合的方式。课程总成绩由平时成绩和期末成绩组成,平时成绩占40%,期末成绩占60%。平时成绩由线上成绩和线下成绩组成。平时成绩中,线上成绩占70%,线下成绩占30%。期末成绩为学

生课程论文成绩,以线上考试方式进行,学生需要在规定时间内提交课程论文。课程论文主题要求结合授课内容,查阅相关资料,体现该课程的知识目标、能力目标和素质目标三个层次要求,培养学生独立思考、创新思维、分析问题及解决问题能力。

2　多维度教学改革,打造高效课堂

在课程教学过程中,结合课程案例,研讨式互动,发挥学生主体作用。基于皮亚杰的建构主义及克里斯托弗的案例教学,针对课程主题或者案例,教学内容不局限于课本,将一些新的高科技纺织品作为案例或者研讨主题引入课堂,如可穿戴技术、3D打印技术、纺织智能制造技术、抗菌抗病毒技术、保暖及凉爽面料技术、港珠澳大桥所用的超高分子量聚乙烯纤维吊绳、SMS防护口罩、神舟十一号载人飞船、天宫二号、星载天线金属网等。在教学过程中适时引入案例和企业先进的生产实践,拓宽了专业知识学习,并且结合当代大学生的个性及心理需求,不断提升其对纺织专业的学习兴趣。

在研讨式授课过程中,根据预先设计的研讨主题,采取学生独立思考(自由选题,查阅相关材料,可以手机搜索)、自由分组、小组讨论、小组成员陈述(随机抽查、自由陈述)、教师总结(小组发言结束或者全部研讨结束进行补充)的方式,开展研讨式教学。通过学生间的多边交流、互相讨论而寻求真知的教学方法,再辅以教师的积极引导和及时总结,教学效果明显提升。采用研讨互动式教学方式,能够丰富教学内容,活跃课堂气氛,提高学生的参与度。既激发了学生学习的主动性,又解决了学生上课玩手机的问题,使学生加深对课程内容的理解,也培养了学生发现问题、分析问题、解决问题、团队合作及语言表达能力[2]。

传统灌输式授课模式中,学生的学习处于被动地位,独立思考的空间和时间较少,不利于创造性思维能力的培养。为了充分调动学生的学习积极性、激发求知欲、提高课堂教学效果,在授课过程中,学生自主查阅相关资料,或者结合自己的实际经历,或者根据看过的影视作品中的服装及纺织知识,进行主题探讨、发帖,撰写课程论文。

3　多元化思政实践促进价值塑造,拓宽纺织类课程学习深度和广度

将思想政治教育的理论知识、价值理念以及精神追求等有效融入纺织课程教学过程中,实现育人、育才、育德的统一。通过在纺织专业教学及实践过程中,有效嵌入思政元素,对学生的思想及行为进行潜移默化影响。把思想政治内容贯穿教育教学全过程,实现全程育人、全方位育人[3]。思政嵌入纺织知识学习时需遵循学生成长规律,不断拓宽纺织专业课程学习的深度和广度。思政案例和内容需要结合当代青年学生的成长特点、个性差异,采用学生喜闻乐见的方式和感兴趣的案例、事迹,着重于青年学生道德素养的熏陶培养。加强正确的价值观引导,弘扬爱国主义、集体主义和社会主义思想,崇尚英雄、尊重模范,发扬奉献精神和创新探索精神,提高学生创新创业能力、职业素养,全方位引导青年学生树立新时代纺织人的工匠精神,科技报国的家国情怀和使命担当。加强道德修养,创造有价值的人生,为实现中华民族伟大复兴而努力奋斗[4]。

由于"现代纺织品鉴赏"课程选课学生涉及不同年级、不同专业的学生,在课程思政嵌入时,主要让学生深入了解纺织历史,知道纺织的起源和发展现状。比如,熟悉丝绸的发展历史,荥阳青台村出土的仰韶文化绛色罗,吴兴钱山漾出土的绢片、丝带和丝线,从普通百姓到贵族的丝绸产品,从种桑养蚕、丝绸之路到"一带一路"的文化传承。在对我国传统纺织产业了解的基础上,学习从手工纺纱织布到机械化、智能化的薪火相传发展历史,实

现纺织文明的传承。在纺织课程内容的逐步学习过程中,提升学生的国家意识、政治觉悟,让学生体会到我国纺织行业正从纺织大国向纺织强国发展。

同时,对学生的创新精神、科学思维、主动精神、价值观等方面进行引导,使学生树立远大的学术志向和脚踏实地的专业精神。适应时代发展,提升思政内容的层次性和深层内涵,不断提高学生的学习兴趣和发挥主观能动性。

依托纺织劳动模范、纺织工匠的事迹,弘扬劳模精神、劳动精神、工匠精神教育,激发学生投身纺织、热爱纺织、奉献纺织、扎根纺织。在岗位成才、岗位立功、岗位建业的精神引领下,提升学生爱岗敬业觉悟,实现育人与育才的统一。

4 校企协同多学科交叉融合,有效引入前沿纺织科技及创新成果

"现代纺织品鉴赏"课程的线上、线下教学内容及案例,极大程度地对接纺织行业需求,依托纺织专业的实践教学平台,提升工程实践能力。为了精准对接纺织产业链需求,校企共同制定了教学计划和教学大纲,主要与纺织学科深度交叉融合的企业,尤其是纺织与生物、医学、高分子材料、信息、能源、电子、人工智能、大数据、智能制造等企业,增强学生对新兴工程学科发展的了解,也符合"新工科"的培养要求。聘请企业工程技术人员进行线上教学,促进工程实践内容,加深学生对创新、创造、创业的理解,实现与纺织行业完整融合的人才培养过程,提高了人才培养的应用性。在课程教学过程中,引进企业、行业的最新技术和实践案例,并将相关纤维、纱线及织物样品带到课堂供学生实际感受和接触。比如在课程教学过程中,融入2022年冬奥会的纺织科技案例,智能保暖羽绒服、速滑比赛服、碳纤维编织耐高温火炬、中国传统桑蚕丝织奖牌绶带、奥运防护口罩、高性能纤维复合材料滑雪头盔和滑雪板及可降解餐具等最新成果,可以让学生深切感受到冬奥会

的纺织科技,向世界展示中国式的浪漫和纺织特色,也是一次纺织+科技+人文+时尚的"融合秀"。

5 注重过程性评价,提升学生综合素质培养

突破传统的单一考核方式,探索多样化评价方法。"现代纺织品鉴赏"课程的线下成绩主要是课堂签到、教学互动、课堂作业、思考题,案例教学与研讨式授课过程中参与情况及个人表现。线上学习成绩主要有视频观看、讨论发帖、线上笔记、课程签到、作业、在线答疑、测试及考试,学生可以在计算机上或手机"在浙学"APP上进行线上内容的学习。线上成绩由视频观看(80%)、讨论发帖(10%)、在线笔记(10%)成绩组成。除课程论文的成绩外,这些线上、线下的成绩均可以实时查看,并且任课教师也可以及时跟进和提醒关心每位同学的学习情况。注重过程性考核,侧重整个学习过程中学生综合素质的培养,实现对学习过程的有效评价。

6 结论

通过混合式、多维度、多元化、校企协同多学科交叉、注重过程性评价的"五融合"创新教学体系进行了一系列教学改革,取得了积极成果。针对"现代纺织品鉴赏"课程教学现状,采用混合式教学实践,促进知识传授及能力培养;多维度教学改革,打造高效课堂;多元化思政实践促进价值塑造,拓宽纺织类课程学习深度和广度;校企协同多学科交叉融合,有效引入前沿纺织科技及创新成果;注重过程性评价,实现知识传授、能力培养及价值塑造的立德树人培养目标,选课学生大幅度提高,取得了较好的教学效果,促进学生综合素质培养。

致谢

本论文为教育部产学研合作项目:纺织化

纤智能制造设备及实践基地(202102563029);新工科背景下纺织新材料产教融合建设与实践(220506537245216);生物基针织功能材料与产品(220904185074858)的部分成果。

参考文献

[1]　冯建永."现代纺织品鉴赏"课程线上线下混合式教学改革与实践[J].纺织服装教,2022,37(241):78-81.

[2]　冯建永,黄志超.新形势下纺织工程专业教学改革探索及实践[J].纺织服装教育,2020,35(6):41-43.

[3]　王学俭,石岩.新时代课程思政的内涵、特点、难点及应对策略[J].新疆师范大学学报(哲学社会科学版),2020,41(2):50-58.

[4]　郁崇文.纺织类专业课程思政教学指南[M].上海:东华大学出版社,2021.

新工科背景下纺织工程专业教学的思考

赵连英

浙江理工大学,纺织科学与工程学院(国际丝绸学院),杭州

摘　要:立足新工科建设背景下高素质复合型人才培养需求,对纺织工程专业教学进行思考。围绕当前纺织工程存在的教材、设备条件、师资情况方面存在的问题,针对现代纺织与其他行业深度交融,数字化、智能化改造升级速度明显提升,在培养方案上要增加数字化技术方面的内容,在教育方式上要充分利用网络资源,加强产学研合作,将企业的最新资讯引入课堂教学中;鼓励学生参加学科竞赛,培养学生的创新、创业意识;以功能服饰分析为案例,调动学生的学习兴趣,培养学生的产品设计能力。

关键词:新工科;纺织工程;专业教学

1　新工科建设的背景和要求

2017 年 4 月 8 日,教育部在天津大学召开新工科建设研讨会,60 余所高校共商新工科建设的愿景与行动。培养造就一大批多样化、创新型卓越工程科技人才,为我国产业发展和国际竞争提供智力和人才支撑,既是当务之急,也是长远之策。

探索建立工科发展新范式,实现从学科为导向转向以产业需求为导向,从专业分割转向跨界交叉融合,从适应服务转向支撑引领;以产业需求建专业,构建工科专业新结构,推动现有工科交叉复合、工科与其他学科交叉融合、应用理科向工科延伸,孕育形成新兴交叉学科专业[1]。

新工科建设提出了以下要求:

(1)探索建立工科发展新范式。

(2)以产业需求建专业,构建工科专业新结构。

(3)以技术发展改内容,更新工程人才知识体系。

(4)以学生志趣变方法,创新工程教育方式与手段。

(5)以学校主体推改革,探索新工科自主发展、自我激励机制。

(6)以内外资源创条件,打造工程教育开放融合新生态。

(7)以国际前沿立标准,增强工程教育国际竞争力。

2　纺织工业在我国经济中的重要地位

我国是世界上最大的纺织品服装生产国和出口国,纺织品服装出口的持续稳定增长对保证我国外汇储备、国际收支平衡、人民币汇率稳定、解决社会就业及纺织业可持续发展至关重要。

中国纺织行业自身经过多年的发展,竞争优势十分明显,具备完整的产业链,较高的加工配套水平,众多发达的产业集群的应对市场风险的自我调节能力不断增强,给行业保持稳健的发展步伐提供了坚实的保障。现代纺织工程与生物、医学、高分子材料、信息、能源、电子、人工智能、大数据、智能制造等深度交融,需要学生了解新兴工程学科的发展,也符合"新工科"的培养要求[2]。中国的纺织行业急需懂具有扎实纺织专业知识水平,熟练掌握数字化、智能化设备和管理系统,具有较好的外语水平和国际视野的复合型人才。

3　纺织工程教学存在的问题

3.1　专业教材落后于行业现状,教师缺乏实践经历

纺织行业与新材料密切关联,以民营经济为主的、激烈竞争的行业,新材料、新技术、新设备的更新速度很快,传统的专业教材很难同步更新,教师的专业知识也需要快速更新。

高校教师要胜任教书育人、科学研究、服务社会三大任务,必须要深入生产实践,快速补齐实践经验方面的短板,积累工程实践要求经验。

3.2　纺织教学工程实践设备与行业现状不同步

纺织行业技术进步很快,不少先进企业的设备更新时间加快到五年以内,加上纺织工程类设备占地很大,生产类设备通常需要24h开机才能保持设备良好状态,开冷车问题很多,学校没条件引进,也没条件保持开机状态,导致目前纺织专业实践教学的设备与生产实际的差别较大,影响工程教学效果。为了克服这个问题,专业老师可以在合作企业的支持下,拍摄生产设备的静态和工作状态的小视频,并经过剪辑处理,取得较好的教学效果。

3.3　纺织工程专业学生流出现象严重

纺织工程专业在我国具有很强的产业背景,就业形势好,纺织行业对专业人才需求量很大,急需能快速适应纺织工程和纺织贸易需要的毕业生。但也有一些纺织专业的学生希望转到其他专业的现象,影响我国纺织产业的发展和国际竞争力的提升。

导致这种现象的原因是多方面的,纺织工程专业教学可以通过纺织高科技、纺织时尚和纺织在我国经济中的重要性等方面培养学生的专业兴趣和自豪感。

4　新形势下纺织工程专业教学的思考

4.1　强化数字化纺织工程技术的新特点,培养纺织专业复合型人才

数字化纺织技术是指采用计算机技术、信息技术实现纺织产品的设计(CAD)、加工制造(CAM)、销售(电子商务 EB)和企业管理(信息化管理)等环节的技术。数字化纺织技术已渗透到纺织全流程,在培养方案上要增加数字化技术方面的内容,将纺织工程、信息技术、服装工程、艺术设计、外贸营销、企业管理等多个专业深入合作,培养纺织专业复合型人才。

4.2　发挥"00 后""互联网原住民"的优势,用好各类网络资源

面对"00 后"的新一代大学生,他们讲个性、够独立、有主见,也是"互联网原住民",要改变传统的课堂教学方式,充分利用好纺织工程网络精品课,引导学生自主学习。

在信息技术的推动下,已建设起了不少优质的网络教学平台,中国大学 MOOC 等网站也有很多课程的教学视频。运用网络资源对"纺织工程"相关专业课程进行了探索,根据"纺织工程"课程的特点,合理分配理论教学和实验教学的学时;在理论教学时,讨论网络资源如何影响备课和授课,并且以针织工艺学为例,介绍怎样在课堂教学中应用网络资源;从原料、纱线、组织设计、上机工艺等方面,讨论实践教学利用网络资源的方法;根据教学评价结果,改进混合式教学的组织方法,提升"纺织工程"课程的教学效果。调动学生学习积极性,达到提升学习效果的目的。

推荐查阅专业性网站信息、介绍纺织行业的最新发展情况。著名纺织服装品牌公众号、新产品开发信息、新热点、纺织产品的服用性能、功能的讨论,激发学生设计纺织新产品,大胆创新。

布置学生查找纺织相关的平台信息,总结各类产品的规格、新产品、新技术、行业发展的

热点,政策等信息。鼓励学生参加与专业相关的纱线展、面料展、服装供应链展等资讯展览会,关注各类展览会后的报道,并以此为主题展开自由讨论和评述,逐步熟悉不同纺织产品的特性、加工方法、设备要求、著名企业、价格行情等,使学生快速成为专业人士。

4.3 加强产学研合作,将企业的专业资讯渗入课堂教学中

实现学生综合职业能力的培养是工学专业人才培养模式的最终目标,培养学生综合职业能力离不开有效的专业课程建设,开展教学实践研究是专业课程建设的一项重要环节。纺织工程专业要重视校外实践基地的建设,充分发挥校企优势。组织学生参观先进的纺织服装企业,了解企业的生产设备和测试仪器。在专业教学中多使用来自企业 ERP 企业内部管理系统、设计表单、开发流程等一手资料,使学生能快速适应工作岗位。积极对接相关企业寻找假期实践实习岗位或日常兼职工作内容,帮助学生减轻经济负担,同时缓解企业缺乏专业人员的情况,学生对专业的工作内容有更深入的理解,使学习更加扎实。

邀请企业工程技术人员或学长介绍专业工作内容,学校和企业联合制作实践教学视频,加深对纺织专业实践内容的理解。邀请校外导师共同指导课程设计和毕业设计等实践内容,参与制定设计主题,使学校开展的专题研究能满足生产实际的需要,真正做到把论文写在生产车间[3-4]。

4.4 鼓励学生参加各类学科竞赛活动,加强学生的创新、创业意识

中国共产主义青年团中央委员会、中国科学技术协会、中华全国学生联合会等单位每年都有各类针对大学生的创新大赛,如"挑战杯"大学生课外科技作品竞赛、中国"互联网+"大学生创新创业大赛、全国大学生电子商务"创新、创意及创业"挑战赛、全国大学生节能减排社会实践与科技竞赛、全国三维数字化创新设计大赛等全国比赛,中国纺织服装教育学会、教育部高等学校纺织类专业教

学指导委员会也组织与纺织工程相关的专业赛事,如全国大学生纱线设计大赛、中国高校纺织品设计大赛,都是非常适合本专业学生参加的赛事。通过比赛,可以让学生了解全国不同学校的优秀大学生的关注热点、专业水平,促进学生对创新、创造、创业的理解。团队成员可以是本专业和外专业学生联合,拓宽专业视野,高年级与低年级的学生混合,发挥各自的特长和优势,提高学生的团队合作能力,通过比赛可以快速提升学生的各方面综合能力[5]。

4.5 将典型的功能性服装和服饰与纺织科技结合

教学内容不局限于课本,将一些热点事件和专业知识结合,调动学生的学习兴趣。如针对北京冬奥运会的入场服、不同运动项目的专业服装,让学生自由展开评论,从色彩、款式到材料、加工方法、性能要求,不同类别纤维的保暖性比较,保暖性的指标和测试标准,运动服的弹力、强力要求等。

炎热的夏季防晒服的颜色、材质,防紫外线效果的指标,凉感服装的机理。组织结构、织物厚度与凉感性能的关系等,都是非常实用的设计案例。

从日常生活出发,将日常服装、箱包、鞋帽等与专业知识相结合,分析产品的成分、纱线规格、组织结构、服用性能,将专业知识与实际产品紧密结合,渗透到专业课的各阶段,不断强化学生对纺织材料认识水平,让专业学习更加有趣、高效。

参考文献

[1] 吕浩杰,魏森杰,李银涛,等."新工科"背景下高校开展学科竞赛的探索[J].新乡学院学报,2021,38(12):70-72.

[2] 冯建永,黄志超.新形势下纺织工程专业教学改革与实践[J].纺织服装教育,2020,35(6):511-513.

[3] 黄立新,易洪雷,朱春翔.基于成果导向的纺织工程专业实践教学体系的探索[J].纺织服装教育,2018,33(1):70-73.

[4] 岳新霞,袁林海,宁晚娥,等.基于OBE理念

的纺织工程专业实践教学改革[J]. 教育园地,2019,48(7):107-109.

[5] 高晓娟,牟莉. 新工科背景下以学科竞赛为载体培养创新能力[J]. 黑龙江教育(理论与实践),2021(4):37-38.

融合纺织丝绸非遗技艺的纺织丝绸专业课程教学实践

张红霞,祝成炎,田伟,鲁佳亮,范硕,汪阳子,范淼,曲艺

浙江理工大学,纺织科学与工程学院(国际丝绸学院),杭州

摘　要:纺织丝绸非遗技艺是中华民族传承千年的优秀文化载体,是中华文明重要的文化基因。文章立足于传统非遗纺织丝绸技艺的保护与传承,将纺织丝绸专业课程的教学同非遗纺织丝绸技艺的保护相结合。从课程设计、课堂教学、课内外学生实践等方面切入,多维度、多层次地探讨纺织非遗技艺融入纺织丝绸专业课程的路径,并结合具体实践,进行融合方式的可行性分析。将纺织丝绸非遗技艺更好地融入高等教育,为纺织丝绸领域高质量人才培养及优秀非遗文化的创新传承提供新思路。

关键词:纺织丝绸非遗技艺;高等教育;专业课程;教学实践

　　我国的纺织丝绸非遗技艺历史底蕴深厚,是中华民族传统文化重要的组成部分。宣传纺织丝绸类非物质文化遗产的历史和内容,加强纺织丝绸非遗技艺的传承与发展是帮助我们树立文化自信的坚实力量。高等院校作为传承和创新宝贵优秀中国传统文化的重要载体、培育人才的重要之地,应首当其冲地承担起文化基因延续重要责任,奋力挖掘中国优秀文化的内在丰富资源,在新时代背景下引领、培养和号召学生进一步学习与创新传统优秀非遗文化。这对学生的专业能力、思想品质及文化自信都具有正向积极意义。因此,创新多元教育形式、开展多样化教育内容,将纺织丝绸非遗技艺融入纺织丝绸专业课程教育中,是进一步拓宽学生视野、提升纺织高质量人才教育的重要手段。

　　将纺织丝绸非遗技艺融入纺织丝绸专业课程教学中的实践与探索,在深入推进建设文化强国时代背景下,是对传统优秀非遗纺织丝绸文化元素进行挖掘的"文化育人"的目标手段。作为非物质文化遗产的传统纺织丝绸技艺们承载着中华民族灿若星辰的文化记忆,彰显了中国古代劳动人民的生活方式、情感和文化信仰;这些宝贵的精神财富可再作为源源不断的灵感启示,给予现代人新的设计与创新。引导带领学生学习纺织丝绸传统技艺,是发展社会主义文化、感悟民族文化精神的实践手段,是践行树立历史自信、增强历史主动的"三个务必"要求,是培养新一代铭记历史、创新未来的高素质创新性纺织丝绸专业人才的关键步骤。

1　纺织丝绸非遗技艺的文化内涵

　　中国纺织丝绸非遗的历史源远流长,具有重要的文化价值和传承意义,是中国几千年来劳动人民的智慧结晶[1]。见证了中华民族璀璨的历史,寄托了中国人民深厚的民族精神,同时扮演着将历史过往与现代发展联系起来的纽带角色。自新时代党的十八大以来,国家对传统优秀文化的重视程度日益提高,非物质文化遗产作为历史传承中的重要一环,为更多人熟知和保护。纺织丝绸非物质文化遗产在中国非物质文化遗产中占有重要地位,串联起了中华民族绵延千年的历史脉络,也是新时代背景下我国纺织产业的基础、民族工业的基点。目前,联合国教科文组织人类非遗名录名册的四十余项中包括三项中国纺织丝绸类非遗:中国桑蚕丝织技艺、南京云锦、黎族纺染织绣[2]。纺织丝绸类非遗

主要集中于传统美术、传统技艺和传统民俗三项非遗类别中[3]。2006 年至今，我国国家级非物质文化遗产中共包含一百余种纺织丝绸类非物质文化遗产，范围覆盖各个民族及地区传统纺织技艺。

纺织丝绸非遗技艺具有独特的美学特征及思政内涵，纺染织绣、绫罗绸缎、丝帛锦绢，这些传统且优秀的文化基因都是中华民族深厚底蕴的载体与表达。目前，纺织丝绸类非物质文化遗产的分类方式主要集中于以下四个部分：一是刺绣技艺，主要代表为苏绣、湘绣、蜀绣、粤绣和少数民族刺绣。二是织造技艺，织机交织丝线汇成经纬，主要代表是蚕丝织造、棉麻织造、云锦织造等。三是传统印染技艺，主要代表有蓝印花布、夹缬、绞缬、蜡染、扎染等[4]。四是服饰技艺，主要代表有内蒙古、藏族等一系列少数民族的民族服饰。纺织丝绸非遗的载体往往呈现出独具特点的美学特征，在纹样、色彩、图案上具有标志性的风格和深刻的历史符号；在色彩美、造型美、纹饰美方面均表现出浓厚的文化积淀。

纺织丝绸非遗技艺蕴含着深远的文化背景价值与思政育人元素，这为教学中对学生的文化自信培养奠定了坚实的基础。对中华优秀传统文化的传承与发扬不仅仅是对历史的肯定与延续，同时也是为中华民族发展注入创新活力的源源动力，高等院校发挥育人职能、丰富学生精神世界、提高学生对中华民族优秀传统历史文化的认同感和归属感、帮助树立文化自信的强有力支撑[5]。在传统的纺织丝绸非遗中，有大量对现代发展有良好学习借鉴功能的部分。对纺织非遗进行了解学习可以进一步地对现代工业、现代美育及文化传承发展带来一系列正向带动作用。

根据纺织丝绸非遗技艺的文化特征和技术特征，构建起纺织专业课程非遗元素融入知识链条，对于纺织丝绸专业课程进行新的改革和实践研究。通过非遗技艺的引入，在课堂教学环节以及课外实践环节丰富学生非遗知识储备，带领学生发挥主观能动性，基于传统、新于传统，走出一条可持续有活力的非遗传承与发展之路。同时，进一步地增加学生的文化认同与文化自信，在此过程中丰富学生的精神世界并且弘扬爱国主义教育精神。

2　纺织丝绸非遗技艺融入纺织专业课程的路径

2.1　发挥纺织丝绸非遗技艺同纺织丝绸专业课程的协同作用

纺织丝绸专业课程设置的主要目标是培养具有专业纺织素养和纺织能力的高素质人才，推动我国纺织产业的发展和影响力，肩负起传播优秀纺织文化专业知识与正确价值的关键责任。高等院校是承担国家人才培养、社会人才输送的重要场所，要求被培养者不仅可以具有扎实良好的专业知识技能，同时也要求具有正确的价值取向、良好的德行以及掌握全面的专业背景文化。纺织丝绸非遗技艺作为中华民族宝贵的精神财富，蕴含着丰富的民族精神和文化意义，因此其余纺织丝绸专业课程的融合变得必要。在进行专业课程学习的过程中，系统良好的文化背景教育可以帮助学生快速构建对知识的系统性认知，增强学生学习的主观能动性，潜移默化地传播非遗文化中所蕴含的思想政治教育元素，使学生更好地吸收和接受，产生正向的民族自豪感和文化认同感。专业教育、文化教育及思政教育三者有机结合，为培养具有高素质高能力的纺织学科人才打下了坚定的基础。

2.2　构建多点融合的纺织丝绸专业课程建设模式

针对纺织丝绸专业课程的教学结构与课程模式，围绕着纺织丝绸背景、织造原理、织造技艺、色彩图案、设计审美、传统手工艺等多个维度，对纺织丝绸非遗技艺进行深入的剖析与归纳，提取出其中与课程设置中相匹配的知识内容，进行进一步的分类整理分析组合；将其以自然和谐、准确切实的方式融入纺织专业课程的课堂之中。根据不同性质课程的异同,调整非遗相关知识传输的侧重点,与课程的学分分配、课时分配、课程职能有机结合起来。例如,在进行理论讲述性质的纺织专业课程中,可以结合课程内容以书面形式传授纺织丝绸非遗技艺知识;在侧重于实践技能培训的专业实践课中,设置传统手工艺中强调手工性的知识。构建多点融合的课程模式中,要注意知识的点对点融合以及教学形式的点对点匹配。同时要始终把课程思政作为主线之一进行课程设计,在专业课程教育中潜移默化地融入非遗相关的思政元素可以很大地提高学生的接受度与课程的趣味程度。在纺织丝绸非遗技艺中不断地归纳相关思政元素,例如,非遗传承保护背后的爱国精神与文化自信、认真踏实和精益求精的工匠精神、从传统中创新求变的意识等;这些思政元素的融入会进一步丰富课堂内容设置,为全过程育人、培养具有良好纺织背景、纺织素养的纺织专业人才提供思想保障。

2.3　创新校外实践、校企合作新体系

除了"引进来"的理论教学模式,也要重视"走出去"的实践教学方法[6],将课程的教学同校外的实践、实地考察参观结合起来。依托课程资源和地方文化资源,带领学生进行实地采风,通过参观相关作品、对话本地居民、亲手参与实践以及感受当地风土人情等多种形式,使学生身临其境地感受传统非遗的魅力。通过课外实践的方式,丰富、补充和验证课堂的理论知识学习,全方位多角度地对学生进行非遗文化的熏陶教育,丰富教学形式的同时提升课程实效。同时创新搭建校企合作新体系,牵线搭桥相关企业,带领学生进行企业实地走访,生产参观以及行业业态了解,避免了学校教学脱离社会生产的弊端出现,进一步地帮助学生了解纺织丝绸产业现状背景,纺织丝绸非遗的社会化运行发展方式等,与当前社会深度接轨,促使学生在充分了解行业现状的基础上进行创新性、融合式的非遗文化创新发展,提出更具社会实际参考价值的纺织丝绸非遗技艺传承方式。

2.4　探索融入新方式,搭建非遗交流新平台

2.4.1　数字资源建设

随着新时代的到来,非遗的传承与保护也进入了数字化时代,教育形式和教育媒介的创新改变在丰富教学形式的同时,构建了纺织丝绸非遗技艺传承发展的现代化创新模式。不同于传统的手口相传、文字记载等模式,加快纺织丝绸非遗技艺电子课程资源的搭建会很大程度地推动非遗保护的进步与升级。电子化的资料有效地降低了学习门槛,为非遗文化的传承提供了更多可能。电子课程资源相较于传统的面对面授课,在时间上、地点上及教学方式上都更为灵活,有利于学生更加方便快捷地进行相关知识的学习,也有助于利用课余及碎片化时间进行知识的补充。另外,非遗课程数字资源的搭建降低了授课成本,减少了知识传播的时间成本与人工成本,可以做到更快捷高效地将相关知识传播,供进一步的学习参考。

设立纺织丝绸非遗技艺相关公众号对非遗进行更深层次地推广传播也是构建数字传播的重要手段,通过文章推送形式,有条理地进行知识的收集与汇总,以更容易被接受的手段进行教学宣传。数字资源的搭建很好地简化了非遗知识教学与传播的环节,保护传统文化的同时,也为纺织丝绸非遗技艺的创新延续提供了新的可能。

2.4.2　开展主题沙龙活动

结合课程设计需要,开展相关"非遗进校园"活动,搭建学生同非遗传承人面对面接触讨论机会,就课程讲授的内容进行研讨,加深非遗知识理解,促进吸收进而发展创新理念。帮助学生建立对中华优秀传统文化正确的认识,树立正确、稳定的价值观,对我们国家在非遗文化保护传承中的努力和奉献有清晰的了解,更加认可纺织、丝绸专业和政府相关工作的意义,提升学生的思想政治素养、理论知识基础、实践能力及创新能力。

3　纺织丝绸非遗技艺融入纺织专业课程教学的实践

3.1　课堂教学实践

非物质文化遗产是中国各族人民世代相承、与群众生活密切相关的各种传统文化表现形式和文化空间[7]。目前,我国传统的纺织丝绸作品中的海量素材已经成为新时代纺织产品设计的灵感空间[8]。近年来,随着纺织丝绸一系列非物质文化遗产的申报成功,纺织"非遗热"也在逐步走进大众视野,在服装设计及家纺设计等领域,均出现了大量应用纺织丝绸非遗符号的作品,例如,扎染独特的渐变效果、苗族织锦中的蝴蝶纹、傣族织锦中的大象纹孔雀纹等。这些将传统风格与现代时尚相结合的作品被大众普遍和接受,正逐步走向新的市场。需要被明确的是,传统的纺织丝绸非遗作品的受众群仍很小,非遗想要注入新的生机活力,创新是其中最不可或缺的元素。这也为课程的设置提供用了新的思路,基于传统才能够在传统上实现创新。在进行课程设置时,一方面要注重传统非遗文化的教学传播,全面深入有层次的向学生介绍纺织丝绸非遗的历史、分类、美学特征及艺术形式等方面,可以辅助多种教学媒介,如相关视频资料、采访录音、作品展示等,使学生可以对非遗有更深入的认知和了解,打下坚实的纺织丝绸非物质文化遗产基础。另一方面,要着重培养学生基于传统的再创新能力,通过对于传统非遗的了解,可以充分发挥学生的主观能动性,做到对传统元素提取、转化、再创新,为非遗注入全新的活力。

在进行实际的教学设计时,在教学筹备、师资安排和课程设置中,做到紧紧围绕纺织丝绸非遗技艺主题,紧扣非遗技艺的传承,突出在新环境下非遗技艺的创新与创意,引导非遗技艺走进高校课堂。既要注重传统技艺的坚守,又要重视技术的传承与创新。教师教学团队要全程参与课程教学改革工作,与非遗传承人和专家深入交流相关教学思路和教学内容,同时在专业课程中结合课程内容融入纺织丝绸传统文化与技艺相关内容的教学。教学改革期间从教学大纲的修订入手,具体完成"纺织专业导论""机织学""家用纺织品制作工艺""纺织品综合分析""艺术印染""纹织学""织花图案设计""花织物设计"等十几门纺织专业课程的教学大纲制定修改,补充纺织非遗相关内容,明确课程的教学目标,授课内容。在新生入学后的"纺织导论""纺织前沿""现代纺织与人类文明"新生研讨课等课程中,将纺织丝绸传统文化与技艺植入课堂教学之中,从新生一开始就接受传统文化与技艺方面的教育。同时在专业课程如"机织学"课程大纲中加入纺织丝绸传统文化与技艺相关内容的教学,如介绍织锦传统造织技艺,在"机织学"人才培养目标中加入通过纺织丝绸传统文化和技艺进课堂环节,激发学生对中国传统文化的热爱和爱国主义情怀,道路自信和职业自信等。

3.2　学生创作作品实践

在纺织丝绸类专业实践课程中着重注重学生创新非遗作品设计能力的培养与提高,纺织丝绸非遗技艺作为传统手工艺的载体,有着极高的审美价值、手工艺术价值和文化价值[9]。在指导学生进行创新思维、创新设计时,要全面注重多个方面的价值培养,使学生可以更系统地理解和掌握非遗再设计的创新理念,形成创新协同传统效应[10]。在进行具体的教学实践过程中,根据不同的纺织丝绸专业课程的培养计划、课程大纲、课程目标,来具体落实到每一门课程的纺织丝绸非遗技艺融入课程设计,将非遗的各个价值拆分重组,有侧重点在各个课程里对纺织丝绸非遗技艺的各个特点价值进行教学实践。

以纺织丝绸专业实践课程"艺术印染"和"家用纺织品制作工艺"为例。进行纺织丝绸专业实践课程"艺术印染"设计时,与"开设采用非遗手工印染技艺结合现代艺术设计理念设计制作课程,要求学生通过本课程的学习,能运用传统手工艺结合现代染织艺术设计理念进行手工扎染丝绸类艺术品的设计制作"。

与课程目标相结合,注重学生对于传统扎染手工技法的学习锻炼以及扎染技法融合现代图案的理念培养,进一步地推动"纺织丝绸非遗技艺"中扎染技艺的保护和传承发展,使学生能够认识到保护中国传统纺织技艺,传承非物质文化遗产的必要性,培育学生对中国传统文化的热爱。部分学生课程创作作品(图1),基于对于传统扎染技艺的学习,在掌握了扎染中前处理、定形、描稿、扎结、浸色、晾干、水洗、固色、脱结、后整理的基本技法步骤后,结合现代的图案创意设计,进行课程作品的设计,作品中技法的使用同设计的图案灵活对应,共同实现传统手工艺与现代设计理念结合的作品呈现。

(a)四方　　　　　(b)鹿　　　　　(c)花瓶

图1 "艺术印染"学生课程创作作品

"家用纺织品制作工艺"的教学筹备和课程设置中也强调了纺织丝绸非遗技艺的融入与重组。课程旨在培养锻炼学生在图案设计、产品设计及实践制作能力,从而培养学生设计、生产制作的系列产品开发能力。纺织丝绸非遗技艺的融合不仅丰富了设计维度,同时锻炼培养了学生在非遗纺织系列产品开发方面的创新理念与实操能力。将纺织丝绸非遗技艺的审美价值及艺术文化价值全面地融入,潜移默化中培养学生对于纺织丝绸非遗的感知能力和熟悉程度,加深学生对于纺织丝绸非遗的认知理解,从而具有更强的非遗再创新能力,部分学生课程创作作品如图2所示。课程创作作品在图案设计、作品款式设计上均从传统非遗出发,进行了结合现代化设计理念的再设计。图2(a)的作品将非遗扎染的元素同家纺产品结合,展示多种不同扎染效果的图案风格,再根据图案产品特点,有选择性地将非遗创意地应用在现代家纺文创产品上。图2(b)的作品以壮族的经典纹样为创作灵感来源,根据设计意图买来相应的民族风面料,根据面料本身特色进行分析,最终文创作品的款式设计将抽象的壮锦元素与扎染元素相结合,巧妙使其得到多样的现代化应用,成功地让两种非物质文化遗产元素焕发出新的生机。图2(c)的作品是在苗锦基础上进行的产品设计开发,通过将苗锦传统元素重组再造,适配进一系列家纺产品制作中,运用了拼布、印花等一系列手段,完成了苗锦的现代化家纺产品设计。

(a)秋天的对话　　　(b)壮·雅　　　(c)白水苗韵

图2 "家用纺织品制作工艺"学生作品

3.3 纺织丝绸非遗技艺融入校园文化和课外实践

在进行教学融入的过程中,教学团队不断实践各种新的方式来开拓学生有关纺织丝绸非遗技艺的视野,对课程内容进行有机补充,在培养形式上实现灵活创新。

依托学校合作建立的非遗传承基地,组织师生到西部纺织丝绸非遗资源集中地区开展非遗社会实践和调查活动,走访广西、云南、贵州、海南等地,采访和调研当地非遗保护情况,师生团队深入了解传统织锦从棉纱制备、扎染印图到最终的织造全流程,对纺织丝绸非遗技艺背后的文化内涵以及织造技艺更加清楚。与当地政府合办非遗教育中心,开展学生实践和非遗研究活动,同时,积极带领学生参加各类非遗相关艺术节,增强学生对纺织丝绸非物质文化遗产的见闻与思考。

建设纺织丝绸非遗技艺公众号,扩充纺织丝绸交流平台,对纺织丝绸非遗相关知识、创新形式、发展动态进行汇总整理发布,不断扩大公众号影响能力,丰富学生获取知识的渠道、降低学生获取知识成本。组织学生开展纺织丝绸非遗研究,使学生参与公众号的建立与相关文章的撰写,融入学生青年新视角、新理念,丰富账号内容,打造专业、及时、丰富、交流的线上非遗交流平台,增强了在纺织非遗领域的新媒体影响力。

协助举办"中国非物质遗产传承人群研培计划——织锦技艺传承及创意设计研修班",使学生在其中起到辅助作用,以学生青年视角,融合现代元素进行微课堂的准备、介绍、展示,同时通过采访报道,使学生对非遗技艺有了更深的了解。开展"非遗进校园、学生出校门以及非遗大师、企业专家进课堂"教学新模式,除研修班开班时期组织交流会外,更积极开展"非遗文化进校园"主题沙龙活动等活动,使学生获得与国家级、省级非遗传承人面对面交流的机会,直观地欣赏各位大师的作品和风貌,邀请了非遗研修学员给学生们做相关非遗技艺与文创产品的系列讲解,并对学生作品进行点评,使学生对非物质文化遗产传承与创新有了更深层次的理解。为学生树立文化自信,建设文化强国打下坚实基础。

4 结语

将"纺织丝绸非遗技艺"融入贯穿纺织丝绸专业教育的每个阶段环节,在教学设计和课程设置的过程中,做到全过程融合"纺织丝绸非遗技艺"主题,紧扣新时代非遗技艺在高等教育体系中的传承创新。通过纺织丝绸非物质文化遗产在教学中的引入实践,不断的引领学生重视新时代下纺织丝绸非物质文化遗产的延续发展,对弘扬中华优秀传统文化、专业课程的思政改革实践、培养高素质、高质量的新时代纺织专业人才有着重要意义。进一步地深化"纺织丝绸非遗技艺"融入纺织丝绸专业课程的教学改革,是响应国家建设文化强国、发展全过程育人格局的有效手段,对今后纺织专业高等人才培养有着重要的指导意义。

致谢

本文为浙江省高等教育"十三五"第二批教学改革研究项目(jg20190135);浙江省"十三五"省级产学合作协同育人项目(浙教办函〔2019〕365号);2019年浙江省研究生联合培养基地、2019年浙江省"十三五"省级大学生校外实践教育基地项目,浙教办函〔2019〕311号项目的阶段性成果。

参考文献

[1] 刘小罩. 引领大学生传承中华优秀传统文化的路径选择[J]. 高校辅导员,2017(6):67-70.

[2] 刘金莹. 纺织类非物质文化遗产研究及文创产品设计[D]. 大连:大连工业大学,2020.

[3] 闵晓蕾. 社会转型下的非遗手工艺创新设计生态研究[D]. 长沙:湖南大学,2021.

［4］ 万志琴,袁赛南."非遗纺织"融入服装专业课程教学实现美育功能的路径研究［J］.轻纺工业与技术,2022,51(3):142-144.

［5］ 杨金铎.中国高等院校"课程思政"建设研究［D］.长春:吉林大学,2021.

［6］ 邵希炜.读懂中国纺织非遗的现状、机遇与发展路径［EB/OL］.［2021-06-14］.

［7］ 李卉,严加平.基于地方特色非遗文化传承与创新的高职服装设计课程思政教学模式研究［J］.轻工科技,2021,37(11):161-162.

［8］ 龚群.工匠精神及其当代意义［N］.光明日报,2021-1-18(15).

［9］ 穆伯祥.少数民族非物质文化遗产的知识产权保护模式研究［M］.北京:知识产权出版社,2016.

［10］ 庄勤亮.游走于工程与艺术之间的纺织品设计专业教育［J］.纺织服装教育,2012,27(3):208-209.